高等职业教育电子信息类专业规划教材

GAO DENG ZHI YE JIAO YU DIAN ZI XIN XI LEI ZHUAN YE GUI HUA JIAO CAI

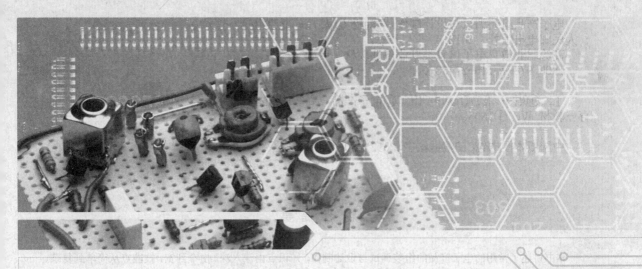

电子产品组装调试与设计制作

■ 刘 松 主编
■ 刘南平 孙惠芹 副主编

人民邮电出版社

北京

图书在版编目（CIP）数据

电子产品组装调试与设计制作 / 刘松主编. — 北京
：人民邮电出版社，2012.4
高等职业教育电子信息类专业规划教材
ISBN 978-7-115-27438-0

Ⅰ．①电… Ⅱ．①刘… Ⅲ．①电子产品－高等职业教
育－教材 Ⅳ．①TN05②TN06

中国版本图书馆CIP数据核字(2012)第010240号

内 容 提 要

　　本书讲述了常用的电子产品的组装调试与设计制作，知识点由浅入深、由窄到宽，技能点从简单到复杂、从单一到综合，通过示范与引导，使学生基本能独立完成电子产品组装与调试的工作任务。

　　本书既适合有一定基础的读者提高理论和实践水平，也适合初学者入门，学以致用。

高等职业教育电子信息类专业规划教材

电子产品组装调试与设计制作

　◆　主　编　刘　松
　　　副 主 编　刘南平　孙惠芹
　　　责任编辑　李　强

　◆　人民邮电出版社出版发行　　北京市崇文区夕照寺街 14 号
　　　邮编　100061　　电子邮件　315@ptpress.com.cn
　　　网址　http://www.ptpress.com.cn
　　　三河市海波印务有限公司印刷

　◆　开本：787×1092　1/16
　　　印张：13
　　　字数：320 千字　　　　　　　2012 年 4 月第 1 版
　　　印数：1- 3 000 册　　　　　　2012 年 4 月河北第 1 次印刷

ISBN 978-7-115-27438-0

定价：28.00 元

读者服务热线：(010)67132692 印装质量热线：(010)67129223
反盗版热线：(010)67171154

前　言

本书作者与人民邮电出版社、天津亿创宏达教学器材有限公司为推动我国电子类专业实践教学，经过长期的调研，推出《电子产品组装调试与设计制作》一书，本书具有以下突出的特点：

1．示范特色突出

以调幅收音机和 9205 万用表的组装、调试与制作作为示范，通过学习，能达到"举一反三，由此及彼"的效果：全面了解电子产品装配的全过程，掌握一般性元器件的识别、测试及整机装配和调试等工艺。这样一方面可以为学习后面内容打下基础，另一方面可大量节省对基础性内容的重复性介绍，扩大本书介绍的项目数量，更开阔读者眼界。

2．实用性强

以前有些出版社也出版过类似的书，这些书选编的案例在现实生活中缺少实用价值。有些书选编的案例虽然看来不错，可是给出的案例没有经过验证，也就是说读者照着案例做出来的可能性并不大。

本书选编的所有案例都是天津亿创宏达教学器材有限公司在实际中批量生产的产品，读者是完全可以制作、调试出来的，并且所有选编的案例都与生产、生活实际紧密结合，集实用性、趣味性、科学性于一体。

3．与时代同步

针对电子技术的发展，本书紧跟时代步伐，适时推出新内容。本书内容覆盖大、中专院校所有基础课程，如"模拟电路"、"数字电路"、"高频电路"、"单片机与接口"、"电气电路"、"通信"等。有些案例专门针对某单一课程，有些案例是多门课程知识的综合。

4．读者对象广

本书覆盖知识点多、牵涉的内容广、内容跨度大、理论和实践性极强，内容新颖。因此既适合有一定基础的读者提高理论和实践水平，也适合初学者入门，进入电子的"殿堂"。

大中专院校学生及电子爱好者学习本书，知识综合运用能力和实践能力会得以提高，为增强社会竞争力打下良好的基础，达到"学以致用"的效果。

本书共有 21 个项目，其中项目 1 与项目 2 采用示范讲解的方式，详细介绍了制作过程与步骤。鉴于篇幅有限，后面项目只介绍了基本方法与步骤，如果读者在实际制作过程中有任何问题和要求，可与本书作者取得联系，邮箱为 ychd2010@vip.163.com。

本书的二极管、三极管等符号，鉴于电路实物图的标注，在讲解时，以 D、Q 等方式标注，请读者注意。

本书由天津电子信息职业技术学院刘松、天津师范大学刘南平、天津职业大学孙惠芹编写，夏克文博导主审。

限于编者水平，书中难免有错误和疏漏不妥之处，敬请读者批评指正。

编者

目　　录

项目1 "亿创宏达牌"调幅收音机的组装、调试与制作

特别说明：

本例以调幅收音机的组装、调试与制作作为示范，通过本章学习，能起"举一反三，由此及彼"的作用：全面了解电子产品装配的全过程，掌握一般性元器件的识别、测试及整机装配和调试等工艺。这样一方面可以为学习后面内容打下基础，另一方面可大量节省后面各项目中对基础性内容的重复性介绍，扩大本书介绍的项目数量，更开阔读者眼界。

1.1 实 践 目 的

通过对"调幅收音机"的组装、调试与制作，掌握调幅接收的工作原理，提高元器件识别、测试及整机装配、调试的技能，增强综合实践能力。

1.2 实 践 要 求

① 掌握调幅收音机的工作原理；
② 对照原理图，看懂调幅收音机的装配接线图；
③ 对照原理图、PCB，了解调幅收音机中的电路符号、元器件和实物；
④ 根据技术指标测试各元器件的主要参数；
⑤ 掌握调试的基本方法，学会排除焊接和装配过程中出现的故障。

1.3 调幅收音机简介

该机为七管中波调幅袖珍式半导体收音机，采用全硅管标准二级中放电路，用2只二极管正向压降稳压电路，稳定从变频、中频到低放的工作电压，不会因为电池电压降低而影响接收灵敏度。该机体积小巧，外观精致，便于携带。主要技术指标如下：

频率范围：525～1605kHz

中频频率：465kHz

灵敏度：≤2mV/m　S/N　20dB

扬声器：Φ57mm 8Ω

输出功率：50mW

电源：3V（2节5号电池）

在实践过程中有任何需要和问题可发邮件到 ychd2010@vip.163.com

1.4 调幅收音机工作原理

调幅收音机主要由输入回路、混频电路、本振电路、中频放大、检波、前置低频放大、功率放大和扬声器组成。其工作原理框图如图1.1所示。

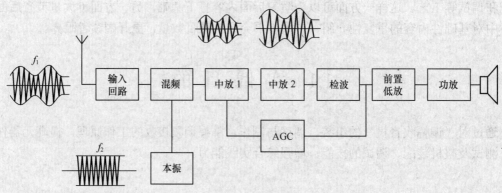

图1.1 工作原理框图

调幅收音机的电路原理图如图1.2所示。调幅信号感应到由B1、C1组成的天线调谐回路，调谐回路选出所需要频率的电信号（例如 f_1）进入三极管 V1（9018H）的基极；本振信号 f_2（f_2 高出 f_1 一个中频，若 f_1=700kHz 则 f_2=700+465 =1165kHz）由三极管 Q1 的发射极输入；调幅信号经三极管 Q1 进行变频后通过 T3 选取 465kHz 的中频信号，中频信号经三极管 Q2 和 Q3 二级中频放大后进入检波管三极管 Q4，由检波管 Q4 检出音频信号经三极管 Q5（9014）前置低频放大，再由 Q6、Q7 组成功率放大器进行功率放大后，推动扬声器发声。

图1.2中，D1 和 D2（IN4148）组成 1.3V±0.1V 稳压电路，以稳定变频、一中放、二中放、低放的工作电压，稳定各级工作电流，确保灵敏度。Q4（9018）三极管的 PN 结用作检波；R1、R4、R6、R10 分别为 Q1、Q2、Q3、Q5 的工作点调整电阻；R11 为 Q6、Q7 功放级的工作点调整电阻；R8 为中放 AGC 电阻；T3、T4、T5 为中频变压器（内置谐振电容），既是放大器的交流负载又是中频选频器；T6、T7 为音频变压器，起交流负载及阻抗匹配的作用。该机的灵敏度、选择性等指标靠中频放大器保证。

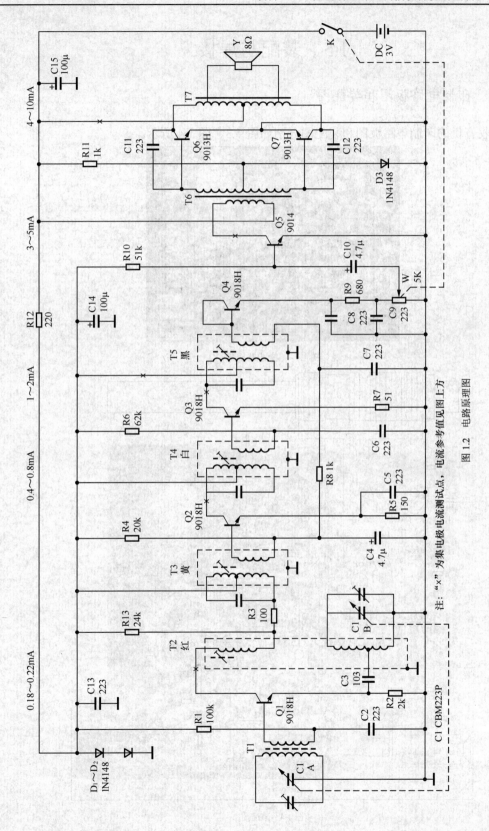

图 1.2 电路原理图

1.5 装配与焊接

1.5.1 印制电路板图和装配图

调幅收音机的印制电路板图和装配图分别如图 1.3、图 1.4 所示。

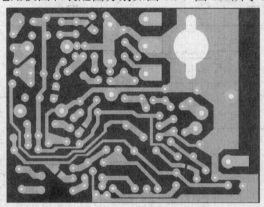

图 1.3 印制电路板图

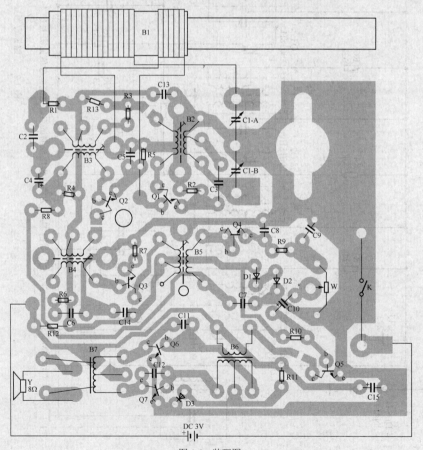

图 1.4 装配图

1.5.2 装配前的准备工作及元器件初测

1. 按材料清单清点材料

☞打开时请小心，不要将塑料袋撕破，以免材料丢失。
☞清点材料时请将机壳后盖当容器，将所有的东西都放在里面。
☞清点完后请将材料放回塑料袋备用。
☞暂时不用的请放在塑料袋里。

弹簧和螺钉
要小心不要滚掉

（1）零件1（电阻 共13只）

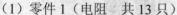

R1 100k　棕黑黄　　R6 62k　蓝红橙　　R11 1k　棕黑红

R2 2k　红黑红　　R7 51Ω　绿棕黑　　R12 220Ω　红红棕

R3 100Ω　棕黑棕　　R8 1k　棕黑红　　R13 24k　红黄橙

R4 20k　红黑橙　　R9 680Ω　蓝灰棕

R5 150Ω　棕绿棕　　R10 51k　绿棕橙

（2）零件2

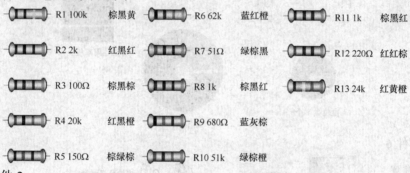

1N4148　3个
二极管

电解电容

100μF　2个

4.7μF　2个

电位器1个

（3）零件3

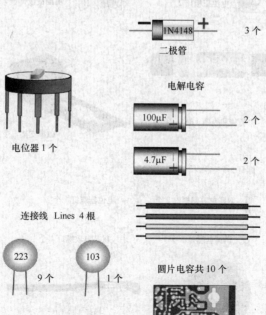

连接线 Lines 4根

223　9个　　103　1个

圆片电容共10个

线路板　1块

（4）零件 4

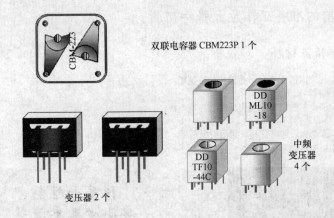

双联电容器 CBM223P 1 个

DD ML10 -18

DD TF10 -44C

中频变压器 4 个

变压器 2 个

（5）零件 5

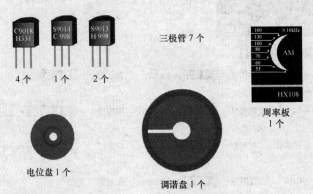

C9018 H331　4 个

S9014 C 998　1 个

S9013 H 998　2 个

三极管 7 个

160
130
100
80
70
60
53

×10kHz

AM

HX108

周率板 1 个

电位盘 1 个

调谐盘 1 个

（6）零件 6

电池正极片 2 个

电池负极弹簧 2 个

磁棒和线圈 1 套

磁棒支架 1 个

（7）零件 7

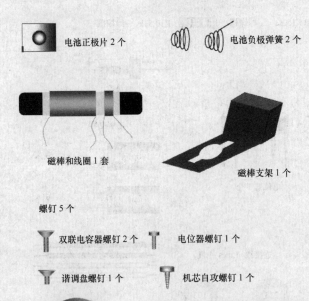

螺钉 5 个

双联电容器螺钉 2 个

电位器螺钉 1 个

谐调盘螺钉 1 个

机芯自攻螺钉 1 个

0.5W 8Ω

扬声器 1 个

拎带 1 根

（8）零件8

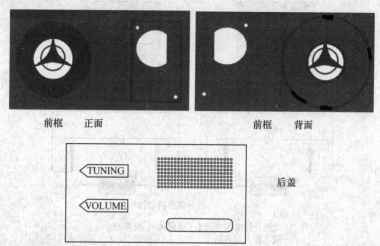

前框　正面　　　　　　　　前框　背面

后盖

2．用万用表初步检测元器件好坏

类别	测量内容	万用表量程
电阻 R	电阻值	×10、×100、×1k
电容 C	电容绝缘电阻	×10k
三极管 h_{FE}	晶体管放大倍数 9018H（97～146） 9014C（200～600）、9013H（144～202）	h_{FE}
二极管	正、反向电阻	×1k
中频变压器	红 4Ω 0.3Ω 0.4Ω 黄　2Ω 4Ω 0.3Ω 白 1.8Ω 3.8Ω 0.4Ω 黑　2Ω 4.5Ω 1Ω 初次级为无穷大	×1
输入变压器（蓝色）	90Ω 90Ω 220Ω	×1
输出变压器（红色）	90Ω 90Ω 0.4Ω 1Ω 0.4Ω 自耦变压器 无初次级	×1

注意

元件的极性
一定不能弄错

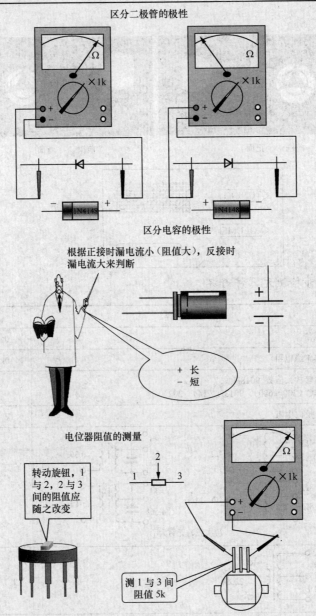

1.5.3 元件安装与焊接

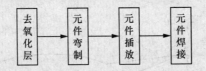

1. 去氧化层

左手捏住电阻或其他元件的本体，右手用锯条轻刮元件脚的表面，左手慢慢地转动，直到表面氧化层全部去除。

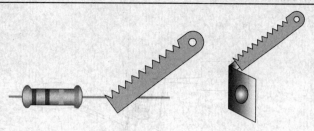

2. 元件弯制

元件脚的弯制成形 1

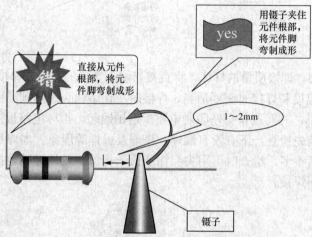

用镊子夹住元件根部,将元件脚弯制成形

yes

直接从元件根部,将元件脚弯制成形

错

1~2mm

镊子

元件脚的弯制成形 2

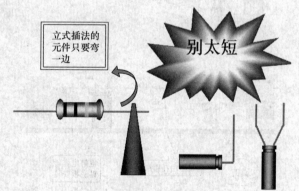

立式插法的元件只要弯一边

别太短

3. 元件插放

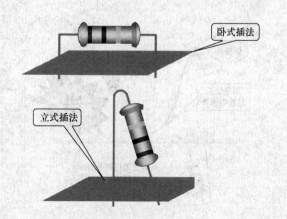

卧式插法

立式插法

立式插法的注意点

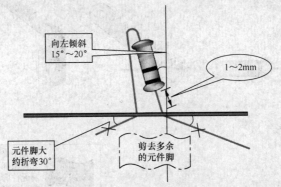

4. 元件焊接

焊接技术很重要，焊接质量的好坏，将直接影响收音机的质量。焊接收音机应选用30～35W电烙铁，烙铁温度和焊接时间要适当，焊接时应让烙铁头加热到温度高于焊锡熔点，焊接时间一般不超过3s，时间过长会使印制电路板铜铂翘起，损坏电路板及电子元器件。

焊接结束后，首先检查一下有没有漏焊、搭焊及虚焊等现象。虚焊是比较难以发现的毛病。造成虚焊的因素很多，检查时可用尖头钳或镊子将每个元件轻轻地拉一下，看看是否摇动，发现摇动应重新焊接。

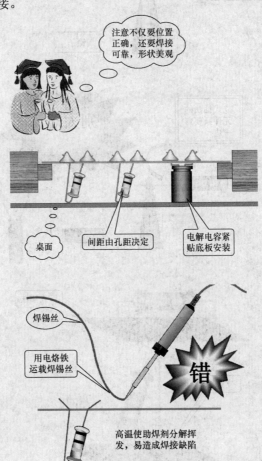

错焊元件的拔除 1

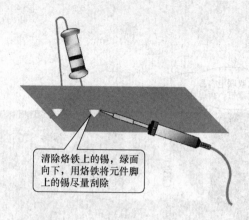

清除烙铁上的锡，绿面向下，用烙铁将元件脚上的锡尽量刮除

错焊元件的拔除 2

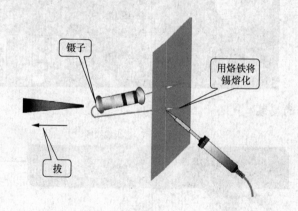

镊子

用烙铁将锡熔化

拔

注意

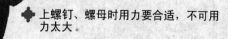

✚ 焊接前电阻要看清阻值大小，并用万用表校核。电容、二极管要看清极性。

✚ 一旦焊错要小心地用烙铁加热后取下重焊。拔下的动作要轻，如果安装孔堵塞，要边加热，边用针通开。

✚ 电阻的读数方向要一致，色环不清楚时要用万用表测定阻值后再装。

✚ 上螺钉、螺母时用力要合适，不可用力太大。

1.5.4 整机装配

1. 印制板正面的安装

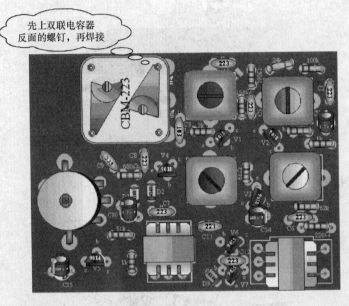

2. 印制板背面的安装

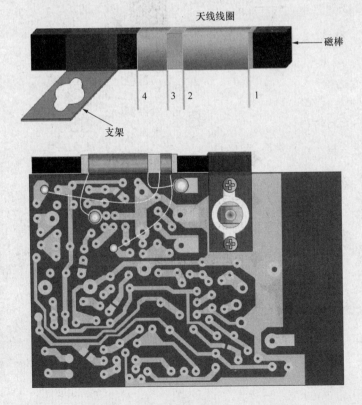

3. 前框准备

前框准备 1

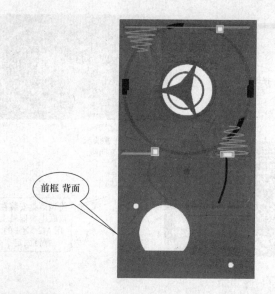

前框 背面

前框准备 2

撕去周率板正面的保护膜和背面的双面胶

前框 正面

贴于前框

前框准备 3

将扬声器安装在前框

我怎么装不进去？

向下压

向前撬

前框准备 4

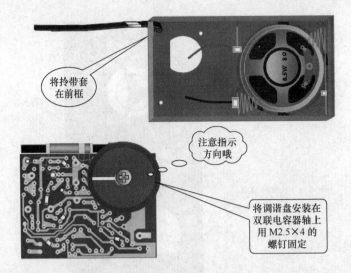

将拎带套在前框

注意指示方向哦

将调谐盘安装在双联电容器轴上用M2.5×4的螺钉固定

前框准备 5

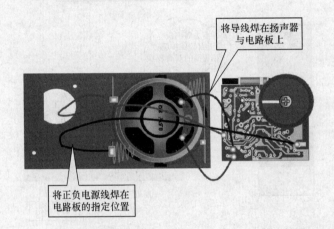

将导线焊在扬声器与电路板上

将正负电源线焊在电路板的指定位置

前框准备 6

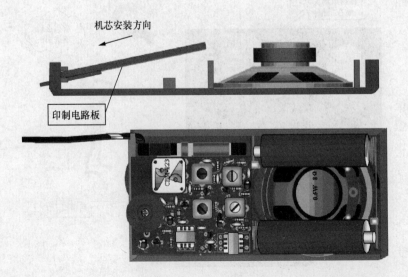

机芯安装方向

印制电路板

4. 连接测试点

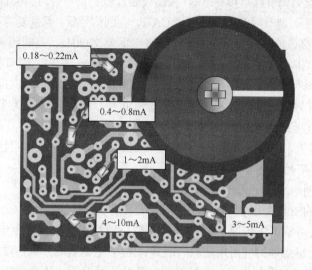

1.6 调　　试

1. 仪器设备

① 电源（3V/200mA 稳压电源或 2 节 5 号电池）；

② XFG-7 高频信号发生器（或同类仪器）；

③ 示波器；

④ 毫伏表 GB-9（或同类仪器）；

⑤ 圆环天线（调 AM 用）；

⑥ 无感应螺钉刀。

2. 用仪器调试的步骤

（1）在元器件装配、焊接无误及机壳装配好后，接通电源，在 AM 波段能收到本地电台后，即可进行调试工作。

（2）中频调试。

仪器按图 1.5 所示连接。首先将双联旋至最低频率点，XFG-7 信号发生器置于 465kHz 频率处，输出场强为 10mV/m，调制频率 1000Hz，调幅度 30%。收到信号后，示波器有 1000Hz 波形。用无感应螺钉刀依次调节黑-白-黄三个中频变压器且反复调节，使其输出最大，465kHz 中频即调好。

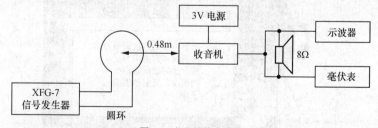

图 1.5 仪器连接方框图

（3）覆盖及统调调试。

① 将 XFG-7 置于 520kHz，输出场强为 5mV/m，调制频率 1000Hz，调制度 30%，双联调至

到低端，用无感应螺丝刀调节红中频变压器（振荡线圈），收到信号后，再将双联旋到最高端，XFG-7 信号发生器置 1620kHz，调节双联振荡联微调 CA-2，收到信号后，再重复将双联电容器旋至低端，调红色中频变压器，高、低端反复调整，直至低端频率为 520kHz、高端频率为 1620kHz 为止。

② 统调：将 XGF-7 置于 600kHz，输出场强为 5mV/m 左右，调节收音机调谐旋钮，收到 600kHz 信号后，调节中波磁棒线圈位置，使输出最大。然后将 XFG-7 旋至 1400kHz，调节收音机，直至收到 1400kHz 信号后，调双联微调电容 CA-1，使输出为最大。重复调节 600～1400kHz 统调点，直至二点输出均为最大为止。

（4）在中频，覆盖、统调结束后，机器即可收到高、中、低端电台，且频率与刻度基本相符。

3. 无仪器情况下的调整方法

（1）调整中频频率

本套件所提供的中频变压器（中频变压器），出厂时都已调整在 465kHz（一般调整范围在半圈左右），因此调整工作较简单。打开收音机，随便在低端找一个电台，先从 B5 开始，然后 B4、B3，用无感螺丝刀（可用塑料、竹条或者不锈钢制成）向前顺序调节，调节到声音响亮为止。由于自动增益控制作用，人耳对音响变化不易分辨，因此收听本地电台当声音已调节到很响时，往往不易调精确，这时可以改收较弱的外地电台或者转动磁性天线方向以减小输入信号，再调到声音最响为止。按上述方法从后向前的次序反复细调两三遍至最佳为止。

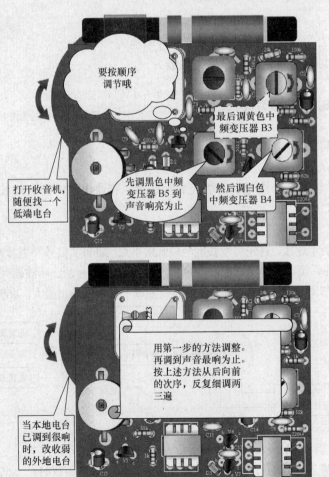

（2）调整频率范围（对刻度）

① 调低端：在 550～700kHz 范围内选一下电台。例如中央人民广播电台 640kHz，参考调谐盘指针在 640kHz 的位置，调整振荡线圈 B2（红色）的磁芯，收到这个电台，并调到声音较大。这样当双联电容器全部旋进容量最大时的接收频率处在 525～530kHz 范围，低端刻度就对准了。

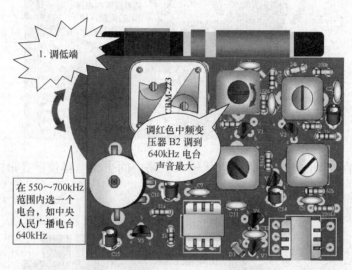

② 调高端：在 1400～1600kHz 范围内选一个已知频率的广播电台，例 1500kHz。再将调谐盘指针指在周率板刻度 1500kHz 这个位置，调节振荡回路中双联电容器顶部左上角的微调电容，使这个电台在此位置声音最响。这样，当双联电容器全旋出使容量最小时，接收频率必定在 1620～1640kHz 范围，高端就对准了。

以上①、②两步需反复调节 2～3 次，频率刻度才能调准。

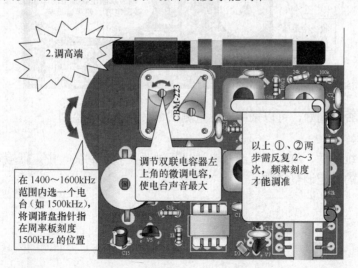

4. 统调

利用最低端收到的电台，调整天线线圈在磁棒上的位置，使声音最响，以达到低端统调。

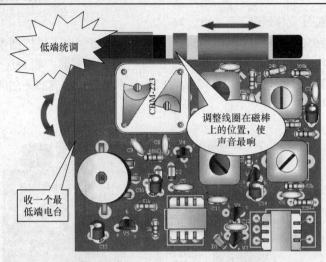

利用最高端收听到的电台，调节天线输入回路中的微调电容使声音最响，以达到高端统调。

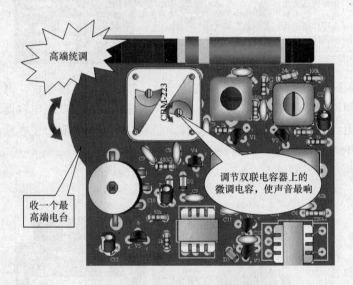

为了检查是否统调好，可以采用电感量测试棒（铜铁棒）鉴别。

5. 后盖装配

机器在完成统调后，放入 2 节 5 号电池进行试听，收听到高、中、低端都有台即可将后盖盖好，收音机的装配调整完成。

1.7 测 试

将收音机调到低端电台位置，用测试棒铜端靠近天线线圈（B1），如声音变大，则说明天线线圈电感量偏大，应将线圈向磁棒外侧稍移。用测试棒磁铁端靠近天线线圈，如果声音变小，则说明线圈电感量偏小，应增加电感量，即将线圈往磁棒中心稍加移动。

用铜铁棒两端分别靠近天线线圈，如果收音机声音均变小，说明电感量正好，则电路已获得统调。

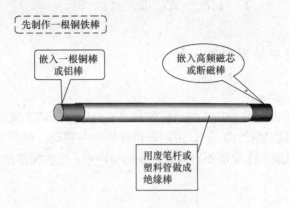

先制作一根铜铁棒

嵌入一根铜棒或铝棒

嵌入高频磁芯或断磁棒

用废笔杆或塑料管做成绝缘棒

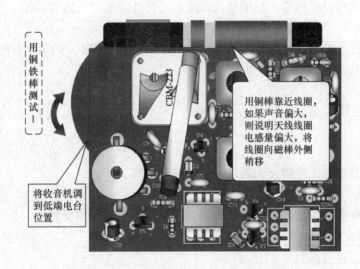

用铜铁棒测试1

将收音机调到低端电台位置

用铜棒靠近线圈，如果声音偏大，则说明天线线圈电感量偏大，将线圈向磁棒外侧稍移

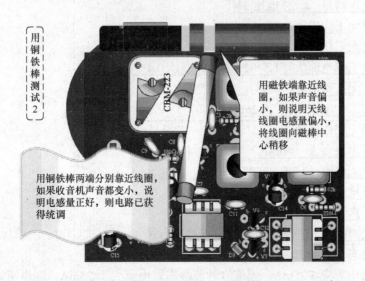

用铜铁棒测试2

用磁铁端靠近线圈，如果声音偏小，则说明天线线圈电感量偏小，将线圈向磁棒中心稍移

用铜铁棒两端分别靠近线圈，如果收音机声音都变小，说明电感量正好，则电路已获得统调

1.8 故障排除

1.8.1 组装调整中易出现的问题

1. 变频部分

判断变频级是否起振，用 MF47 型万用表直流 2.5V 挡接 VT1 发射极，负表棒接地，然后用手摸双联振荡联（即接接 T2 端），万用表指针应向左摆动，说明电路工作正常，否则说明电路中有故障。变频级工作电流不宜太大，否则噪声大。红色振荡线圈外壳两脚均应焊牢，以防调谐盘卡盘。

2. 中频部分

中频变压器序号位置搞错，结果是灵敏度和选择性降低，有时有自激。

3. 低频部分

输入、输出位置搞错，虽然工作电流正常但音量很小，VT6、VT7 集电极（c）和发射极（e）搞错，工作电流调不上，音量极小。

1.8.2 检测修理方法

1. 检测前提

安装正确，元器件无差错，无缺焊，无错焊及搭焊。

2. 检查要领

一般由后级向前级检测，先检查低放、功放级，再看中放和变频级。

3. 检测修理方法

- 整机静态总电流测量
- 工作电压测量　　总电压 3V
- 变频级无工作电流
- 一中放无工作电流
- 一中放工作电流大　1.5～2mA（标准是 0.4～0.8mA）
- 二中放无工作电流
- 二中放工作电流太大　>2mA
- 低放级无工作电流
- 低放级电流太大　>6mA
- 功放级无电流（VT6、VT7 管）
- 功放级电流太大　>20mA
- 整机无声
- 整机无声：用 MF47 型万用表检查故障方法

（1）整机静态总电流测量

本机静态总电流应≤25mA，无信号时若静态总电流大于 25mA，则说明该机出现短路或局部短路；如果无电流则是电源没接上。

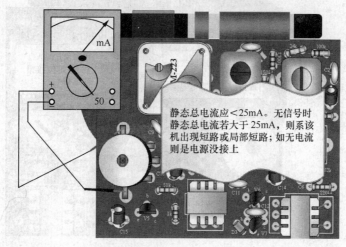

（2）工作电压测量

总电压 3V。正常情况下，D1、D2 两二极管电压在（1.3±0.1）V，若此电压大于 1.4V 或小于 1.2V，则机器不能正常工作。大于 1.4V 时，则二极管 1N4148 可能极性接反或损坏，应检查二极管；若小于 1.3V 或无电压则应检查：

① 电源 3V 是否接上；

② R12 电阻 220Ω 是否接好；

③ 中频变压器（特别是白色中频变压器和黄色中频变压器）初级与其外壳短路。

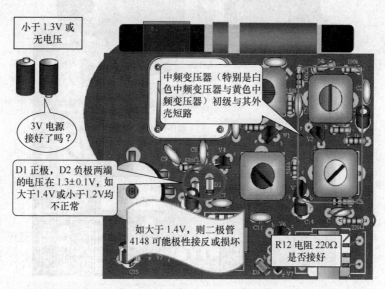

（3）变频级无工作电流

检查点：① 天线线圈次级未接好；

② V1 三极管已损坏或未按要求接好；

③ 本振线圈（红）次级不通，R3 虚焊或错焊接了大阻值电阻；

④ 电阻 R1 和 R2 接错或虚焊。

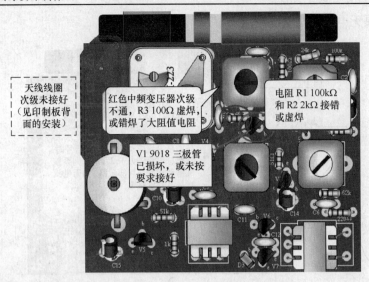

天线线圈
次级未接好
（见印制板背
面的安装）

红色中频变压器次级
不通，R3 100Ω 虚焊，
或错焊了大阻值电阻

电阻 R1 100kΩ
和 R2 2kΩ 接错
或虚焊

V1 9018 三极管
已损坏，或未按
要求接好

（4）一中放无工作电流

检查点：① V2 晶体管坏，或 V2 管管脚插错（e、b、c 脚）；

② R4 未接好；

③ 黄色中频变压器次级开路；

④ 电解电容 C4 短路；

⑤ R5 开路或虚焊。

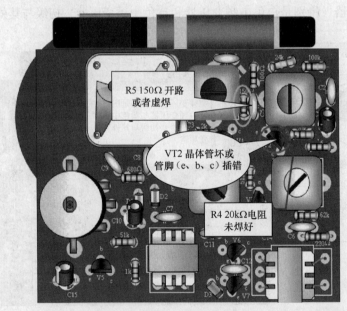

R5 150Ω 开路
或者虚焊

VT2 晶体管坏或
管脚（e、b、c）插错

R4 20kΩ电阻
未焊好

（5）一中放工作电流太大（1.5～2mA）（标准是 0.4～0.8mA，见原理图）

检查点：① R8 未接好或铜箔有断裂现象；

② C5 短路或 R5 错接成 51Ω；

③ 电位器坏，测量不出阻值，R9 未接好；

④ 检波管 V4 坏或管脚插错。

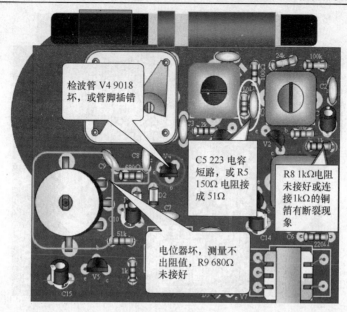

（6）二中放无工作电流

检查点：① 黑色中频变压器初级开路；

② 黄色中频变压器次级开路；

③ 晶体管坏或管脚接错；

④ R7 未接上；

⑤ R6 未接上。

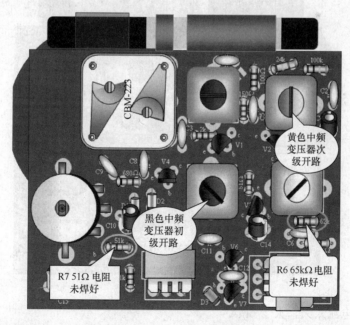

（7）二中放电流太大（大于 2mA）

检查点：R6 接错，阻值远小于 62kΩ。

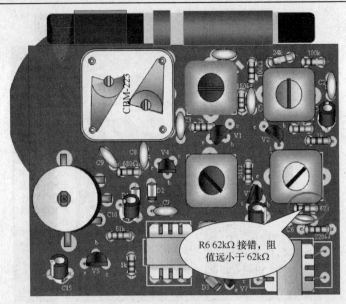

（8）低放级无工作电流

检查点：① 输入变压器（蓝色）初级开路；

② 三极管 V5 损坏或接错管脚；

③ 电阻 R10 未接好。

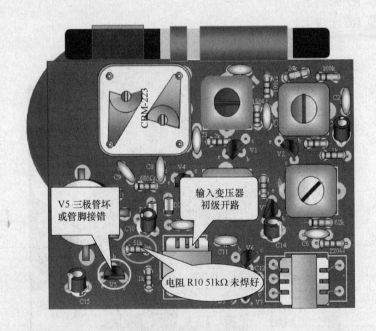

（9）低放级电流太大，大于 6mA

检查点：R10 装错，电阻值太小。

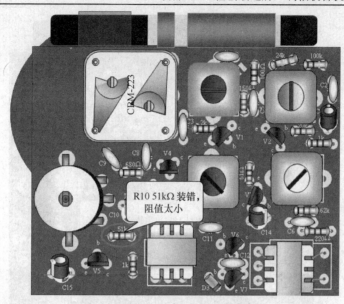

（10）功放级无电流（VT6、VT7 管）

检查点： ① 输入变压器次级不通；

② 输出变压器不通；

③ VT6、VT7 损坏或接错管脚；

④ R11 未接好。

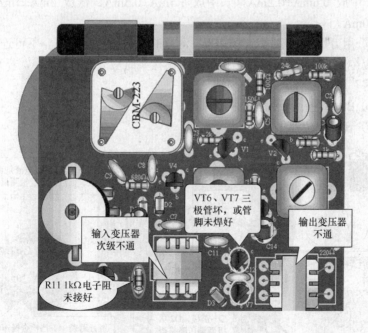

（11）功放级电流太大，大于 20mA

检查点： ① 二极管 D4 损坏，或极性接反，管脚未焊好；

② R11 装错，用了小电阻（远小于 1kΩ 的电阻）。

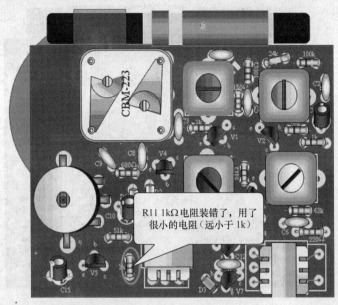

R11 1kΩ 电阻装错了, 用了
很小的电阻（远小于 1k）

（12）整机无声

检查点: ① 检查电源有无加上。

② 检查 D1、D2（1N4148 两端压降是否 1.3V±0.1V）。

③ 有无静态电流≤5mA。

④ 检查各级电流是否正常（说明：15mA 左右属正常）：变频级 0.2mA±0.02mA，一中放 0.6mA±0.2mA，二中放 1.5mA±0.5mA，低放 3mA±1mA，功放 4mA±10mA。

⑤ 用万用表×1 挡检查扬声器（测量时应将扬声器焊下，不可连机测量），电阻应在 8Ω 左右，表棒接触扬声器引出接头时应有"喀喀"声，若无阻值或无"喀喀"声，说明扬声器已损坏。

⑥ B3 黄色中频变压器外壳未焊好。

⑦ 音量电位器未打开。

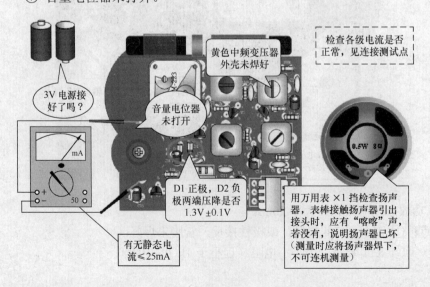

检查各级电流是否正常，见连接测试点

黄色中频变压器外壳未焊好

3V 电源接好了吗？

音量电位器未打开

D1 正极, D2 负极两端压降是否 1.3V±0.1V

有无静态电流≤25mA

用万用表 ×1 挡检查扬声器，表棒接触扬声器引出接头时，应有"喀喀"声，若没有，说明扬声器已坏（测量时应将扬声器焊下，不可连机测量）

（13）用MF47型万用表检查故障方法

用万用表Ω×1挡黑表棒接地，红表棒从后级往前级寻找，对照原理图，从扬声器开始，顺着信号传播方向逐级往前碰触，扬声器应发出"喀喀"声。当碰触到哪级无声时，则故障就在该级。可测量工作点是否正常，并检查有无接错、焊错、搭焊、虚焊等。若在整机上无法查出该元件的好坏，则可拆下检查。

1.9 考核要求

- 收音机是否正常工作
- 无错装漏装
- 焊点大小合适、美观，无虚焊
- 器件无丢失损坏
- 调试符合要求

项目 2　9205 数字万用表的组装、调试与制作

图 2.1　9205 数字万用表外形图

2.1　实 践 目 的

9205 数字万用表是一种 LCD 数字显示多功能、多量程的 3 1/2 位便携式电工仪表，可以测量直流电流（DCA）、交直流电压（ACV）、电阻值和晶体管共射极直流放大系数 h_{FE} 和二极管等。通过对 9205 数字万用表的安装、焊接、调试，可了解 9205 数字万用表装配的全过程，掌握元器件的识别、测试及整机装配和调试工艺。

2.2　实 践 要 求

① 掌握 9205 数字万用表的工作原理。
② 对照原理图，看懂 9205 数字万用表的装配接线图。
③ 对照原理图、PCB，了解 9205 数字万用表的电路符号、元件和实物。
④ 根据技术指标测试各元器件的主要参数。
⑤ 掌握 9205 数字万用表调试的基本方法，学会排除焊接和装配过程中出现的故障。
⑥ 掌握 9205 数字万用表的使用方法。

⑦ 掌握一定的用电知识及电工操作技能。

⑧ 学会使用一些常用的电工工具及仪表，如尖嘴钳、剥线钳、万用表等。

⑨ 养成严谨、细致的工作作风。

2.3   9205 数字万用表简介

9205 数字万用表以集成电路 7106 为核心，具有电阻、交直流电压、电流、h_{FE} 等测试功能，外观精致，便于携带。其主要技术指标如下：

直流电压 200mV/2V/20V/200V/1000V±(0.5%＋3)；

交流电压 2V/20V/200V/750V±(0.8%＋5)；

直流电流 2mA/20mA/200mA/20A±(0.8%＋3)；

交流电流 2mA/20mA/200mA/20A±(1.0%＋5)；

电阻 200Ω/2kΩ/20kΩ/200kΩ/2MΩ/20MΩ/200MΩ ±(0.8%＋5)；

电容 2nF/200nF/20μF/200μF±(2.5%＋20)；

二、三极管测试√；

通断报警√；

自动关机√；

功能保护√；

输入阻抗 10MΩ；

采样速率 3 次/秒；

交流频响 40～400Hz；

操作方式 手动量程；

最大显示 1999 1999 3999；

液晶尺寸 60mm × 35mm、60mm × 35mm；60mm × 35mm；

电源 9V；

机身重量 270g（含电池）；

机身尺寸 155mm × 90mm × 48mm。

在实践过程中有任何需要和问题可发邮件到 ychd2010@vip.163.com。

2.4   9205 数字万用表工作原理

DT9205 数字万用表原理框图如图 2.2 所示。该表的心脏是一片大规模集成电路 7106，7106 内部包含双积分 A/D 转换器，显示锁存器，七段译码器和显示驱动器。输入仪表的电压或电流信号经过一个开关选择器转换成一个 0～199.9mV 的直流电压。例如输入信号 DC100V，就用 1000∶1 的分压器获得 DC100.0mV；如输入信号 AC100V，则首先整流为 DC100V，然后再分压成 DC100.0mV。电流测量则通过选择不同阻值的分流电阻获得。

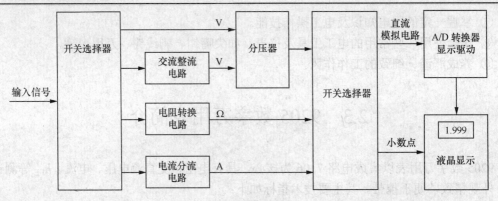

图 2.2　原理框图

采用比例法测量电阻，方法是利用一个内部电压源加在一个已知电阻值的系列电阻和串联在一起的被测电阻上。被测电阻上的电压与已知电阻上的电压之比值，与被测电阻值成正比。

输入 7106 IC 的直流信号被接入一个 A/D 转换器，转换成数字信号，然后送入译码器转换成驱动 LCD 的 7 段码。

四个译码器将数字转换成 7 段的四个数字，小数点由选择开关设定。

9205 数字万用表的电路原理图如图 2.3 所示，下面分别介绍各主要部分电路。

1．双积分 A/D 转换电路和液晶显示器

9205 数字万用表模拟量/数字量转换采用 7106 内部的双积分式 A/D 转换器，基本量程按 200mV 设计。在原理图中，由 $R10$、$C8$ 与 7106 内部的反相器 F1、F2 构成两级反相式阻容振荡器。实取 $R10 = 100\text{k}\Omega$，$C8 = 100\text{pF}$，代 $f_0 \approx 0.45/RC$，得到时钟频率 $f_0 \approx 45.5\text{kHz}$，可近似取 48kHz（$F_0$），因此测量速率为：

$F_0/16000 \approx 48\text{kHz}/16000 = 3$ 次/秒

基准电压由 $R12$、$VR1$、$R13$ 组成，仔细调整电位器 $VR1$，可使 $V_{\text{REF}} = 100.0\text{mV}$，因为基准电压源 E_0 的典型值为 2.8V，当 $VR1$ 的滑动触头移至最下端（a 点）时有

$Va = R13/（R12 + VR1 + R13）× E_0 = 900/（30\text{k} + 200 + 900）× 2.8\text{V} = 81.1\text{mV}$。

而 RP1 调至最上端（b 点）时有

$Vb =（VR1 + R13)/（R12 + VR1 + R13）× E_0 = (200 + 900)/（30\text{k} + 200 + 900）× 2.8\text{V} = 134.4\text{mV}$。

所以 $VR1$ 的电压调节范围是 81.1～134.4mV，显然可以调出 $V_{\text{REF}} = 100.0\text{mV}$。

R08、C05 组成输入端的高频阻容滤波器，滤除高频干扰，R08 还起限流作用；C04 是自动调零电容；C03 为基准电容；R09、C07 分别是积分电阻和积分电容。

9205 数字万用表采用 3 1/2 位液晶显示器（型号为 FI0092），除数字显示外，还有负极性标志符显示。7106 的段驱动端（2～19 脚，22～25 脚）、负极性驱动端 POL（20 脚）和背电极端 BP（21 脚），经导电橡胶条依次接至 LCD 的相应引脚。

2．自动关机电路

自动关机电路由电源开关 K2、电解电容器 C01、单运放 TL2904（IC2）、NPN 型晶体管 9014（Q2）、PNP 型晶体管 9015（Q1）组成。TL2904 接成电压比较器，Q1 起开关作用，Q2 是推动管，电路的工作原理分析如下：

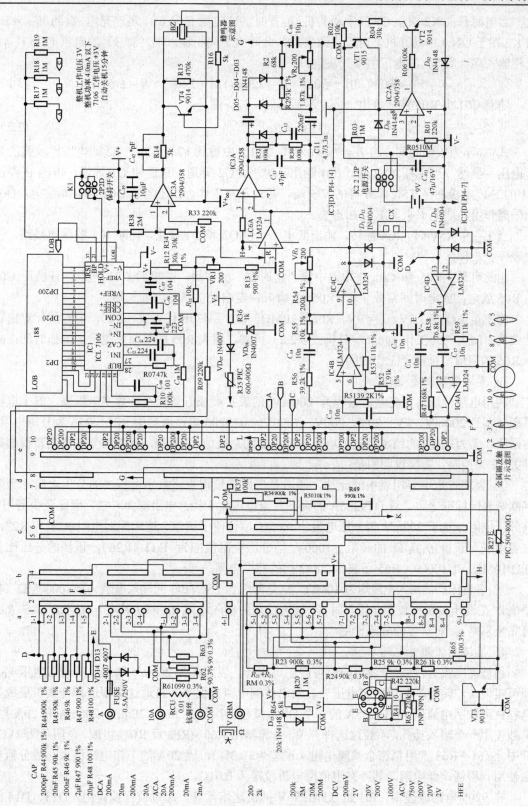

图 2.3   9205 数字万用表电路原理图

当电源开关 K2 拨至 OFF（手动关机）位置时，9V 电池 E 向 C01 迅速充电，直到 $V_{C01} = E$；当 K2 拨于 ON（手动开机）时，电源接通，此时 IC2 同相输入端（脚 3）的电压 $V3 = V_{C01}$，反相输入端（脚 2）的电压由下式决定：

$$V2 = R03/(R01 + R03) \times E = 220k/(1M + 220k) \times E = E/6 \qquad (2.1)$$

随着 C01 向 R05 持续放电，V_{C01} 逐渐降低，V_{C01} 满足：

$$V_{C01} = Ee^{-t/R05C01} \qquad (2.2)$$

式中，t 为放电时间，将 $E = 9V$ 代入式（2.1）中得到 $V2 = 1.5V$，$V2$ 即电压比较强的参考电压。显然，当 $V_{C01} > V2$ 时，IC4 输出高电平，Q2 导通，进而使 Q1 导通，电池 E 经过 Q1 的 E-C 电极加至 TSC7106 等的 V+ 端，芯片正常工作，E 还经过 D02 给 IC4 供电，D02 起隔离作用，避免 V_{C01} 与 E 互相影响。

当 $V_{C01} < 1.5V$ 时，IC4 翻转，输出低电平，使 Q2 和 Q1 截止，切断 V+ 的供电线路，使仪表停止工作。

由此可见，R05 和 C01 在电路中起"定时器"的作用。关机后 C01 充电，开机后 C01 向 R05 放电，放电时间常数（$\tau = R05 \cdot C01$）决定自动关机时间的长短。

将 $V_{C01}(t) = 1.5V$，$E = 9V$，$R05 = 10M\Omega$，$C01 = 47\mu F$ 代入式（2.2），很容易计算出自动关机时间大约为工作 14min。分析式（2.2）可知，增大 R05 的阻值，能增加工作时间；减少 R05 的阻值，缩短了工作时间。

3. 直流电压测量电路

利用电阻分压器可将基本量程为 200mV 的表扩展成五量程直流数字电压表，五个电压量程分别是 200mV、2V、20V、200V、1000V。在 9205 电路原理中 R21～R26 为分压电阻，均采用误差为 ±0.5% 的精密金属膜电阻。分压器的总阻值为 1MΩ，各挡的分压比由量程选择开关 S2 来控制。需要说明的是：

① 为节省数字万用表中的元件，通常是借用多量程直流数字电压表的分压电阻作为数字欧姆表的标准电阻。对 DT9205A 而言，直流电压为 5 挡，电阻却为 6 挡，因此至少需用 6 只分压电阻。鉴于 200mV 挡分压电阻达 9.0MΩ，这便于调整。选用配对电阻 R21 和 R22，二者串联可获得 9.0MΩ 的高阻。1000V 挡分压电阻值应为 1kΩ（R26），该挡的分压比为 $1k\Omega/10M\Omega = 1/10000$，R65 还兼作 200$\Omega$ 挡的标准电阻。

② 各电压挡的输入电阻均为 10MΩ，这是考虑到 TSC7106 的输入电阻 $r_{IN} = 10000M\Omega$（典型值），在设计多量程数字电压表时，一般选仪表的输入电阻 $R_{IN} = 0.001r_{IN} = 10M\Omega$，$r_{IN} \gg R_{IN}$，可完全忽略 r_{IN} 对信号的分流作用。

4. 直流电流测量电路

当被测电流 I_{IN} 流过分流电阻时可产生电压降，以此作为 200mV 基本表的输入电压 V_{IN}，即可实现 I/V 转换。利用数字电压表显示出被测电流的大小，再通过量程选择开关扩展成多量程直流数字电流表。DT9205A 的 4 个 DCA 量程依次是：2mA、20mA、200mA 和 20A 挡，单独使用一个输入插孔，不经过选择开关。分流器由 R60～R63 及 RCU 组成，总阻值为 1kΩ，其中，R61～R63 选用精密金属膜电阻（误差为 ±0.3%），因 20A 的工作电流很大，故分流电阻使用一根锰铜丝电阻，其冷态阻值用电桥校准为 0.01Ω。

在 9205 电路原理中，FU 是 0.5A/250V 的快速熔丝管，起过流保护作用。D13、D14 组成双向限幅二极管，起过压保护作用。当输入电压低于硅二极管的正向导通电压时，二极管截止，对测量并无影响；一旦 $V_{IN} > 0.6 \sim 0.7V$，二极管迅速导通，从而限制了万用表的输入电压。

应当指出的是：20A 挡未加保险装置，因此用该挡测量最大输入电流（20A）的时间不得超过 15s，以免损坏锰铜丝电阻及线路板上的敷铜线。

5. 交流电压测量电路

9205 表采用平均值响应的 AC/DC 转换电路，5 个交流电压量程依为 200mV、2V、20V、200V、750V（有效值）。将最高量程定为 750V，是因为量程选择开关（转盘上的触片开关）S2 的耐压值为 1000V，该挡的最大峰值电压 $V_P = \sqrt{2} \times 750 = 1060V$，同 1000V 已经很接近。

测量交流电压时仍借用直流电压挡的分压器，利用低漂移双运放 TC2904 中的一组运放、二极管 D03 组成平均值响应的线性半波整流电路，这种电路可避免二极管在小信号整流时引起的非线性误差，使输入电压 V_{IN}（RMS）与输出电压 $V0$（平均值）成线性关系，适于测量 $0 \sim 200mV$ 的弱交流电压。

对半波整流而言，正弦波电压有效值与平均值的关系为 $V_{RMS} = 2.22V$，这就要求电路的电压放大倍数必须大于 2.22 倍，才有调整的余量。电路中的 R29、R30 是负反馈电阻，可将 IC3 偏置在线性放大区，同时控制运放的增益，现取 $R29 = R30 = 100k\Omega$，IC3 同相端的输入电阻 $R31 = 100k\Omega$，故电压放大倍数为

$$K_V = \{1 + (R29 + R30)/R31\} = 1 + (100k + 100k)/100k = 3 > 2.22(倍)$$

上式所得符合电路设计要求，IC3b 作同相放大器使用，目的在于提高其输入阻抗，减小对输入信号的衰减。

尽管 TC2904 属于低漂移运放，但考虑到 AC/DC 转换器的输入电压很弱，即使漂移电压很小，也可能造成测量误差。因此，需通过 C10 和 C11 起隔直作用，不让直流成分（包括 IC3 的漂移电压）进入整流滤波电路。

在正半周时 D03 导通，D04 截止，IC3 的输出电流途经 C10→D03→R29→R40→VR2→地（COM 端），并经过 R28 对 C09 进行充电；负半周时 D05 导通，D03 截止，电流途经地→VR2→R40→D04→C105→IC3。此时 C09 缓慢地放电，放电时间常数 $T = r_{IN} \cdot C6$。r_{IN} 是 TSC7106 的输入电阻，其阻值极高，典型值达 1010Ω，故可认为 C09 两端电压仍维持不变。

由 R28 和 C09 组成的平滑滤波器可滤掉交流纹波，高频干扰信号则由 R37、C12 构成的高频滤波器滤除，从而获得稳定的平均值电压 $V0$，再由 TSC7106 对 $V0$ 进行 A/D 转换。

VR2 是交流电压挡的校准电位器，调整 VR2 可使整个 AC/DC 转换器的电压放大倍数为 2.22 倍，使万用表直接显示出被测电压的有效值。

R6 在电路中起保护作用；D04 在负半周时为反向电流提供通路；C13 是运放的频率补偿电容；R29、C13 还为 D05 提供一个合适的偏置电压，以减小 AC/DC 转换器对小信号进行放大时的波形失真。

6. 交流电流测量电路

在直流电流挡的基础上再增加 AC/DC 转换电路，就构成 6 量程交流数字电流表，其原理不赘述。

7. 电阻测量电路

电阻采用比例法测量。此时需将原来的基准电压电路断开，TSC7106 内部的 2.8V 基准

电压源经过 R64、D15，提供测试电压 $V_{TEST} = V_{D15} \approx 0.7V$。标准电阻 R0（即电路中的 R21～R26）是正温度系数热敏电阻（PTC），与被测电阻 Rx 构成串联电路。以 R0 上的压降作为 7106 的基准电压，Rx 上的压降则作为 7106 的输入电压。因为 $V_{Rx}/V_{R0} = Rx/R0$

所以

$$Rx = R0/V_{R0} \times V_{Rx} = R0/V_{R0} \times V_{IN} \qquad (2.3)$$

式中，比值 $R0/V_{R0}$ 为一定值，因此 Rx 仅与 V_{Rx}（即 V_{IN}）成正比，这就是比例法测量电阻的原理。

电阻挡的保护电路由晶体管 Q3 和正温度系数热敏电阻 PTC 以及限流电阻 R08 组成。这里是将 Q3 的集电结短接，利用其发射结反向电压为 5.8～7.8V 的特性，代替稳压管作过压保护。PTC 是过流保护元件，当不慎误用电阻挡测量 220V 交流电压时，电压经 PTC 加到 Q3 上，使 Q3 反向击穿（软击穿），由于 PTC 的初始电阻很低，常温下仅 550Ω，所以通过它的电流很大，PTC 迅速发热，电阻值急剧增大，对 Q3 起到限流保护作用，使之不会转入硬击穿而烧毁，进而保护了 TSC7106 不至于损坏。

具体讲，在交流电压的正半周，Q3 反向击穿，将 VREF～COM 之间的电压钳位于 6V 左右；在负半周，Q3 正向导通，将 VREF～COM 之间的电压钳制在 0.6～0.7V。需要说明的是，220V 电压虽可通过 R08，加至 IN＋端，但由于 R08 的阻值大（1MΩ），能将输入电流限制在 220μA 以内，加之 TSC7106 的模拟输入端内部设有过压保护电路，可承受 1000V 的瞬间电压，因此只要保护电路正常动作，就不会损坏芯片。

综上所述，PTC 和 Q3 的保护作用可归纳成两条：一是为 220V 交流电源的电流提供一条通路，使之不流入 ICL7106 中；二是对 VREF～COM 之间的电压进行钳位。

8. 二极管和蜂鸣器挡

利用 7106 内部的基准电压源（E）向被测二极管提供 2.8V 的测试电压，使正向接法的二极管导通，正向工作电流 $I_F \approx 1mA$。导通压降 V_F 经过 R21、R22 构成的分压器再衰减到原值的 1/10 之后，作为 7106 的输入电压，此时基准电压 V_{REF} 仍为 100.0mV，但仪表量程已扩展为 2V，故可显示出被测二极管的正向压降 V_F 值。

该挡还用来检查线路的通断，亦可称之为蜂鸣器挡，该挡的保护电路由 D7、D8 和 R35 组成，Q4、R14、R15、R16 及陶瓷晶片组成的音频振荡电路。9205 原理图中的 IC3（TC2904）作电压比较器使用，其同相输入端（脚 3）加参考电压 V3，容易求出

$$V3 = R39/(R38 + R39) \times E = 30k\Omega/(2M\Omega + 30k\Omega) \times 28 = 0.064V$$

反相输入端（脚 2）则施以比较电压 $V2$，设二极管 D3 的导通压降 $V_{D3} = 0.7V$，未接 Rx 时

$$V2 = (R34 + R372)/(R14 + R35 + R34 + R37) \times (E0 \times VD3) = (900k\Omega + 100k\Omega)/(100 + 2k\Omega + 900k\Omega + 100k\Omega) \times (2.8-0.3) \approx 2.1V$$

由于 V3≪V2，故比较器在常态下输出低电平。当 V/Ω 插口与 COM 插口之间接被测线路电阻 $Rx < 70\Omega$（假设 $Rx = 60\Omega$）时，反相输入端（脚 2）的电压变成（忽略 R34 和 R37 的并联影响）

$$V'2 = Rx/(R14 + R35 + Rx) \times (E0-VD3) = 60/(100 + 2k\Omega + 60) \times (2.8-0.7) = 0.058V$$

因为 $V'2 < V3$，所以比较器翻转，输出大于 2.6V 的电压时，陶瓷晶片发出声响以表示被测线路接通。

9. 测量晶体管 h_{FE} 的电路

利用该挡的 h_{FE} 的插口，能够测量小功率 PNP 或 NPN 型晶体管的 h_{FE}，测量范围是 0～1000 倍。

以 PNP 管为例，将被测管的 E、B、C 电极对应插入 E、B、C 插孔时，C 极接通 V＋，由 7106 的 E0 提供 2.8V 的集电极电压，测试电路属于共发射接法，R42 和 R43（均为 220kΩ）为固定偏置电阻，所提供的基极电流 $I_B = E0/R43 \approx 2.8V/22k\Omega \approx 10\mu A$，发射极经 R41（10Ω）接模拟地，R41 是取样电阻，由它实现 I/V 转换，将发射极电流 I_E 转换成仪表输入电压 V_{IN}，因为

$$h_{FE} \approx I_C/I_B \qquad (2.4)$$
$$I_E = I_C + I_B \approx I_C \qquad (2.5)$$

所以

$$V_{IN} = I_E R41 \approx I_C R27 = h_{FE} I_B R41 \qquad (2.6)$$

将 $I_B = 10\mu A$，$R41 = 10\Omega$ 代入式（2.6）中整理后得到

$$h_{FE} = 10 V_{IN} \qquad (2.7)$$

显然，若选用 200mV 挡（去掉小数点）并将 V_{IN} 的单位取 mV，即可直读 h_{FE} 值。由于 h_{FE} 插口的输出电流有限，通常规定 $I_C \leq 10mA$，因此 h_{FE} 挡的测量范围是 0～1000 倍；$h_{FE} > 1000$ 时，E_0 明显降低，测量误差会增大；当 $h_{FE} \geq 2000$ 时，万用表溢出。

使用 h_{FE} 挡时应注意：

① h_{FE} 插口共有 8 个插孔。以 PNP 管为例，整排的两个 E 孔在内部连通，使用时可任选其中一个 E 孔，设置两个 E 孔只是为了测量方便。

② 晶体管的 h_{FE} 值与测试条件有关。鉴于被测管在低电压、小电流条件下工作，并且式（2.4）中未考虑穿透电流 I_{CEO} 等因素的影响，因此测量结果仅供参考。h_{FE} 挡的优点在于测量简便、迅速、安全，特别适合于业余条件下挑选晶体管。

10. 电容测量电路

早期的数字万用表采用脉宽调制（PWM）法测量电容量。其原理是：利用被测电容器 CX 的充放电过程来调制频率为一定的脉冲波形，使其占空比 D 与 CX 成正比，再经过滤波电路取出其直流电压 V_O，送至 A/D 转换器中。显然，其变化规律为：$CX\uparrow \rightarrow D\uparrow \rightarrow V_0\uparrow$，反之 $CX\downarrow \rightarrow D\downarrow \rightarrow V_0\downarrow$，从而完成了 C/DCV 的转换过程，将被测电容量变成直流电压。

脉宽调制法测量电容的缺点是：①测量准确度较低；②每次测量之前必须手动调零，操作不便。

新型数字万用表普遍采用容抗法测量电容，实现了自动调零。其原理是：首先利用频率约为 400Hz 的正弦波信号将 CX 变成容抗 X_C，然后进行 C/ACV 转换，将 X_C 量转换成交流信号电压，再经过 AC/DC 转换器取出平均值电压 V_O，送至 A/D 转换器中。显然，V_O 与 CX 成正比，只要合理设计并适当调节电路参数，即可直接读出电容量。电容测量过程为：文氏桥振荡器→C/AC 转换器→AC/DC 转换器→A/D 转换器。

容抗法测量电容的主要优点是：电容挡能自动调零，使测量过程大为简化，缩短了测量时间；测量准确度亦得到提高。

9205 万用表的电容测量电路由 IC4、IC2904 等组成，其中，IC4b 和 R51、C15、R56、C14 构成文氏桥振荡器，文氏桥振荡器的输出波形为正弦波，振荡频率 f_0 满足下式

$$f_0 = 1/2\pi RC \qquad (2.8)$$

取 $R = 39.2\text{k}\Omega$，$C = 0.01\mu\text{F}$，则

$$f_0 = 1/（2\pi \times 39.2\text{k}\Omega \times 0.01\mu\text{F}）= 406\text{Hz} \approx 400\text{Hz} \qquad (2.9)$$

IC4 与外围电阻等实现 C/ACV 的转换，IC2904 完成 AC/DC 转换，获得平均值电压 V_0，送给 A/D 转换器。

2.5　装配与焊接

2.5.1　元件清点

1．电阻器

元件标号	元件规格		数量	色环编码
R29	3kΩ	±1%	1	橙-黑-黑-棕-棕
R50、R55	10kΩ	±1%	2	棕-黑-黑-红-棕
R48	100Ω	±1%	1	棕-黑-黑-黑-棕
R59	11kΩ	±1%	1	棕-棕-黑-红-棕
R57	168kΩ	±1%	1	棕-蓝-灰-橙-棕
R40	1.87kΩ	±1%	1	棕-灰-紫-棕-棕
R52	1.91kΩ	±1%	1	棕-白-棕-棕-棕
R54	200Ω	±1%	1	红-黑-黑-黑-棕
R12	30kΩ	±1%	1	橙-黑-黑-红-棕
R51/R56	39.2kΩ	±1%	2	橙-白-红-红-棕
R53	4.11kΩ	±1%	1	黄-棕-棕-棕-棕
R58	76.8kΩ	±1%	1	紫-蓝-灰-红-棕
R13/R47	900Ω	±1%	2	白-黑-黑-黑-棕
R46	9kΩ	±1%	1	白-黑-黑-棕-棕
R45	90kΩ	±1%	1	白-黑-黑-红-棕
R34/R44	900kΩ	±1%	2	白-黑-黑-橙-棕
R49	990kΩ	±1%	1	白-白-黑-橙-棕
R41	10Ω	±5%	1	棕-黑-黑-金
R36	1kΩ	±5%	1	棕-黑-红-金
R14/R16	2kΩ	±5%	2	红-黑-红-金
R02/R11	10kΩ	±5%	2	棕-黑-橙-金
R06/R10/R30-R32/R37	100kΩ	±5%	6	棕-黑-黄-金
R03/R08/R20	1MΩ	±5%	3	棕-黑-绿-金
R05	10MΩ	±5%	1	棕-黑-蓝-金
R38	2MΩ	±5%	1	红-黑-绿-金

元件标号	元件规格		数量	色环编码
R01/R09/R33/R42/R43	220kΩ	±5%	5	红-红-黄-金
R04/R39	30kΩ	±5%	2	橙-黑-橙-金
R07	47kΩ	±5%	1	黄-紫-橙-金
R17-R19/R15	470kΩ	±5%	4	黄-紫-黄-金
R28/R64	6.8kΩ	±5%	2	蓝-灰-红-金
R65	100Ω	±3%	1	棕-黑-黑-黑-蓝
R26	1kΩ	±3%	1	棕-黑-黑-棕-蓝
R25	9kΩ	±3%	1	白-黑-黑-棕-蓝
R24	90kΩ	±3%	1	白-黑-黑-红-蓝
R23	900kΩ	±3%	1	白-黑-黑-橙-蓝
R21/R22	4.5MΩ	±3%	2	黄-绿-黑-黄-蓝
R63	90Ω	±3%	1	白-黑-黑-金-蓝
R62	9Ω	±3%	1	白-黑-黑-银-蓝
R61	0.97Ω	±5%	1	黑-白-紫-银-绿
R27/R35	600/900Ω		2	热敏电阻

2. 电容器

元件标号	元件规格	元件名称	数量
C11/C110	3.3μF/16V	电解电容	2
C09/C18/C19	10μF/16V	电解电容	3
C01	47μF/16V	电解电容	1
C13	47pF	瓷片电容	1
C08	100pF	瓷片电容	1
C14-C17	10nF	金属化电容 CBB	4
C05	22nF	金属化电容 CBB	1
C06/C07	100nF	金属化电容 CBB	2
C03/C04/C12	220nF	金属化电容 CBB	3

3. 半导体器件

器件标号	器件规格	器件名称	数量
D07-D14	1N4004	二极管	8
D01-D05/D15	1N4148	二极管	6
Q3	9013	三极管	1
Q2/Q4	9014	三极管	2
Q1	9015	三极管	1

4. 其他元器件

名称	数量	名称	数量
上下外壳	1	二接触片	5
液晶显示器总成	1	9V 叠层电池	1
电容插座	2	电源线（6.5cm）	1
输入插座	4	导电胶条	4
旋钮	1	钢珠 Φ3mm	2
功能面板	1	齿轮弹簧	2
屏蔽纸	1	2×6 自攻螺钉（锁液晶后盖）	4
护套	1	3×8 自攻螺钉（锁线路板）	1
开关	2	3×12 自攻螺钉(锁后盖)	3
IC：7106A	1	2×8 机制螺钉(锁液晶和锁转盘)	6
IC：2904	2	螺母 M2	6
IC：324	1	电位器 220Ω（VR1～VR3）	3
表笔 WB-06	1	锰铜丝(RCU)1.6×40	1
折叠弹簧	2	屏蔽弹簧	1
保险丝管、座	1	三端蜂鸣器总成	1
晶体管插座	1	导线(8cm)	2

注意：IC1（7106）已经做在线路板上，这种方式一般称为 COB（chiponboard）。

2.5.2 元器件安装

1. 按装配图 2.4 安装元件，在没有特别指明的情况下，元件必须从线路板正面装入。元器件布局图指出了每个元器件的位置和方向。

2. 在插接完元件后（如图 2.5 所示），先用一块软垫或海绵覆盖在插件的表面，反转线路板，用手指按住线路板再焊接（如图 2.6 所示），或者在每插一个元件后，将元件的两只脚掰开，这样在焊接线路板时，元件才不会从线路板上掉下来。开关、插座、电源线等最好插接一个焊接一个。

3. 焊三端蜂鸣器

焊三端蜂鸣器前，先剪去图 2.6 所示焊接完的管腿以便安装焊接，蜂鸣器上接线如图 2.7 所示，线路板装配完蜂鸣器后如图 2.8 所示。

4. 装转盘触片

将触片装到触片横条上，注意安装顺序和位置（如图 2.9 所示）。

5. 转盘圈装螺母

直接把 4 个 M2 的螺母套入装盘圈的相应位置（如图 2.9 所示）。

6. 装转盘（将转盘套入转盘圈中）

先将弹簧和钢珠粘上凡士林，安装到转盘圈凸起的小方块上，将已装好触片的内转盘斜插入转盘圈中，在凸起的部分盖上压片（小压片的作用是防止弹簧与线路板摩擦造成不良，防止弹簧弹出）。注意在安装弹簧、钢珠和压片时一定要粘凡士林，否则不易安装（如图 2.9 所示）。

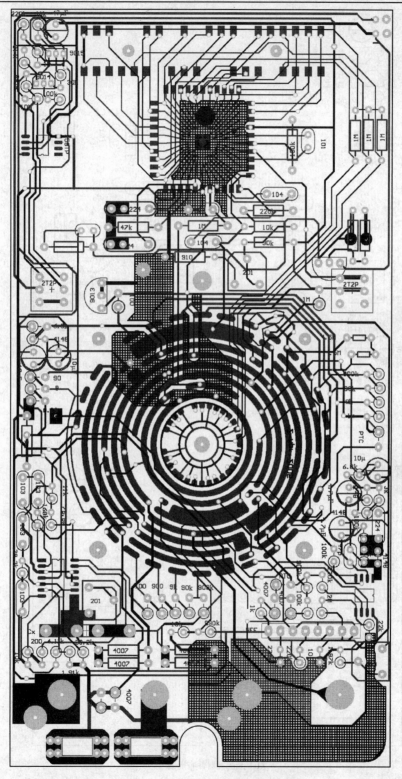

（a）装配 PCB 图

图 2.4   装配图

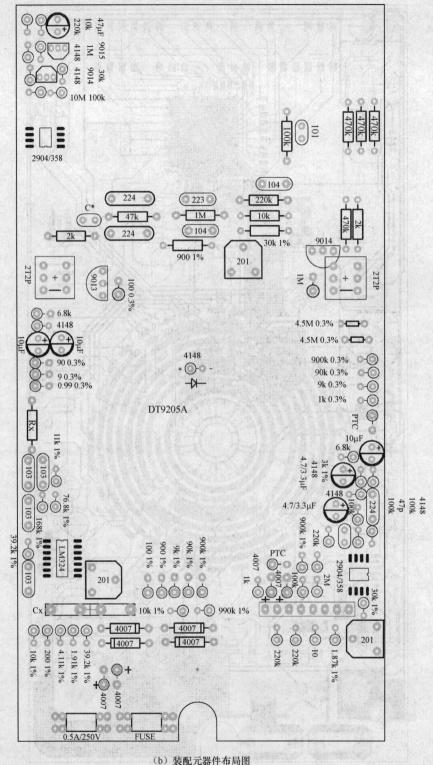

（b）装配元器件布局图

图 2.4　装配图（续）

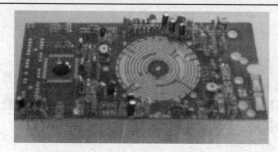

图 2.5 插接完元件

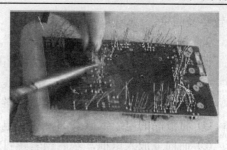

图 2.6 焊接

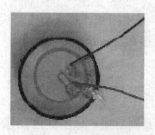

图 2.7 蜂鸣器上接线

图 2.8 装配完蜂鸣器后

图 2.9 装转盘触片、螺母、弹簧和钢珠

7. 转盘安装到线路板上

如图 2.10（a）所示，触片朝下将转盘扣入线路板。如图 2.10（b）所示，先拿好转盘，注意手势，否则钢珠和弹簧会弹出。

（a）转盘扣入线路板

（b）拿转盘手势

图 2.10 转盘安装到线路板上

8. 锁转盘（如图 2.11 所示）

将转盘与线路板对准后用 4 个 2×8 的机制螺钉锁上，在锁时最好对角先锁，这样转盘

比较容易固定。

9. 安装液晶（见图 2.12）

① 先把 2 个 M2 的螺母套入厚片孔中，放在一旁；

② 再将薄片放置在线路板上，从线路板下方反向穿入 2×8 的螺钉；

③ 在沟槽中放入导电胶，导电胶条的导电部分（黑色）和线路板上的"金手指"接触；

④ 将液晶的电缆纸碳条部分和导电胶条接触；

⑤ 面向下放入压框，然后锁紧螺钉；

⑥ 将液晶套入前盖，锁上折叠弹片，转动液晶，可以选择液晶观察角度。

10. 装旋钮

先把 9V 电池扣上，打开开关，如果显示器上显示出"1"是电阻挡，那么旋钮箭头竖标向上拨到基本挡 200mV；如果显示器显示出"0"是电容挡，那么旋钮箭头竖标向下。

11. 固定路板

用 1 个 3×8 的自攻螺钉锁上，盖上后盖后再锁上 3 个 3×12 自攻螺钉即可。

12. 安装后盖、护套、支架

将后盖装入已调试好的万用表面盖，用三只 3×8 的螺钉紧固后盖，如图 2.13 所示。

折叠弹片

图 2.11　锁转盘

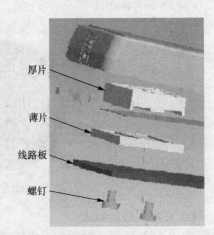

厚片

薄片

线路板

螺钉

图 2.12　安装液晶

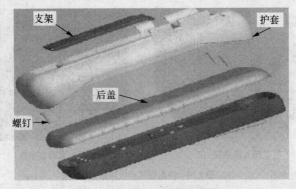

支架

护套

后盖

螺钉

图 2.13　安装后盖、护套、支架

2.6　测试、校准及故障处理

2.6.1　显示测试

不连接测试笔，转动拨盘，万用表在各挡位的正常显示读数如表 2.1 所示。

表 2.1　　　　　　　　　　　　　　　正常显示读数

功能量程		显示数字		功能量程		显示数字
DCV	200mV	00.0	可能有几个字不回零	h_{FE}	三极管	000
	2V	.000		Diode	二极管	1
	20V	0.00		OHM	200Ω	1
	200V	00.0			2kΩ	1
	1000V	000			20kΩ	1
DCA	200mA	00.0	可能有几个字不回零		200kΩ	1
	20mA	0.00	可能有几个字不回零		2MΩ	1
	2mA	000			20MΩ	1
	10A	0.00			200MΩ	1
ACV	200mV	00.0		通断测试	30Ω 以下	1
	2V	.000				
	20V	0.00			2000pF/2nF	.000
	200V	00.0			20nF	0.00
	750V	000	电容挡		200nF	00.0
DCA	200mA	00.0			2μF	000
	20mA	0.00			20μF	0.00
	2mA	000				
	10A	0.00				

常见显示故障如下：

1. 不显示

检查电池电量是否充足，连接是否可靠，关机电路中是否存在问题，7106 是否正常工作，液晶与线路板是否正确连接。

2. 不回零

检查表头电阻的值是否正确；检查表头电容的值是否正确；检查两个接触片是否组装正确，接触是否良好；检查短接输入端是否回零。由于此表输入阻抗极高，200mV 可以允许 5 个字以内不回零。

3. 笔画多或笔画少

检查液晶片电缆纸是否装好，检查 7106 对应的相关功能脚是否正常。

2.6.2 校准

1. A/D 转换器校准

将被测表的拨盘开关转到 20V 挡位，插好表笔；用另一块已校准表做监测表，监测一个小于 20V 的直流电源（例如 9V 电池），然后用该电源校准装配好的表，调整电位器 VR1 直到被校准表与监测表的读数相同（注意不能用被校准表测量自身的电池）。如果校准有错误，应检查线路板是否有短路、焊接不良现象；检查使用的电阻值和表头的电容值是否准确；检查分压电阻是否有插错、虚焊等现象。

2. 直流 10A 挡校准

直流 10A 挡校准需要一个负载能力大约为 5A、电压 5V 左右的直流标准源。将被校准表的拨盘转到"10A"位置，如果仪表显示高于 5A，在锰铜丝上增加焊锡，使锰铜丝电阻在 10A 和 COM 输入端之间的截面积相对减小，直到仪表显示 5A；如果仪表显示小于 5A，将锰铜丝从线路板上焊起来一点点，使锰铜丝电阻在 10A 和 COM 输入端之间的阻值增大，直到仪表显示 5A。

注意：在焊接锰铜丝时，锰铜丝的阻值会随它的温度变化而变化，只有等到冷却时才是最准确的。剪锰铜丝时会使它的截面积减小，从而使阻值增大，要注意一定不要剪断锰铜丝。

3. 直流电压测试

①如果有一个直流可变电压源，只要将电源分别设置在 DCV 量程各挡的中值，然后对比被测表与监测表测量各挡中值的误差，一般要满足 DCV 精度要求。

②如果没有可变电源，可以采取以下两种测量方法：

a．将拨盘转到 20V 量程，测量 9V 的叠层电池，调节电位器 VR1，使表头显示 9.0V 为止。

b．将拨盘转到 2V 量程，测量通用的 1.5V 碱性电池，调节电位器 VR1，使表头显示 1.5V。

4. 交流电压测试

交流电压测试，需要交流电压源，市电是最方便的。

注意：用市电 220VAC 做电压源要特别小心，在表笔连接市电 220VAC 前要将拨盘转到 750VAC。拨盘转到 750VAC 量程，然后测量市电 220VAC，与监测表对比读数，如果不准确可调节电位器 VR2。

如果上面的校准有问题：应检查交流电路中的电阻、电容的数值和焊接情况是否有误；检查二极管的安装方向及焊接情况是否有误；检查 IC2（2904）是否正常工作。

5. 直流电流测量

① 将拨盘转到 200μA 挡位，当 RA 等于 100kΩ 时回路电流约为 90μA，对比被测表与监测表的读数。

② 将拨盘转到表 2.2 中的各电流挡，同时按表 2.2 改变 RA 的数值，对比被测表与监测表的读数。

表 2.2　　　　　　　　　　　　　　　　**直流电流校准**

量程	RA	电流（大约）	备注
200μA	10kΩ	900μA	如果 200mA 挡的电流偏离，可以改变 0.99Ω 的阻值，从而使它正常，在 0.99Ω 的电阻旁 Rx 上并联一个电阻
20mA	1kΩ	9mA	
200mA	470Ω	19mA	

如果上面的校准有问题：检查保险管是否正常；检查分压电阻的数值和焊接情况。

6. 电阻/二极管测试

① 用每个电阻挡满量程一半数值的电阻测试挡，对比安装表与监测表各自测量同一个电阻的值。

② 用一个好的硅二极管（如 1N4004）测试二极管挡，读数应为 650 左右，对于功率二极管显示数值要低一些，请与监测表对比使用。

如果上面的校准有问题：检查分压电阻的数值是否正常；检查表头电阻电容是否正常；检查热敏电阻是否击穿。

7. 通断测试

将待测表功能旋钮转至音频通断测试挡（与二极管挡同挡），测试 50Ω 以下的电阻值，蜂鸣器应能发声，声音应清脆无杂音。测试 100Ω 不发声。

如果没有声音，应检查蜂鸣器线是否焊接正确或蜂鸣器本身是否有问题；检查蜂鸣器电路中的电压比较电路是否存在问题；检查由 Q4、R14、R15、R16 及陶瓷晶片组成的音频振荡电路是否存在问题。

8. h_{FE} 测试

① 将拨盘转到 h_{FE} 挡，用一个小的 NPN（如 9014）和 PNP（如 9015）晶体管，并将发射极、基极、集电极分别插入相应的插孔。

② 被测表显示晶体管的 h_{FE} 值，晶体管的 h_{FE} 值范围较宽，可以参考监测表使用。

如果上面的测量有问题：检查晶体管测试座是否完好，焊接是否正常，有否短路、虚焊、漏焊等；检查两个对应的 220kΩ 电阻和 10Ω 的数值及焊接是否正确。

9. 电容测量

将转盘拨至 200nF 量程，取一个标准的 100nF 的金属膜电容，插在电容夹的两个输入端，注意不要短路，如有误差可调节 VR3 电位器直到读数准确。

如果测量有问题，应检查电容电路是否有问题；检查 10nF 电容是否有损坏；检查 39.2k 电阻是否有虚焊、变值现象；检查 LM324 是否正常工作。

2.7　常见故障及解决方法

① 不显示：首先检查电源线是否存在开路现象；检查开关是否有损坏；检查 Q1、Q2、D1、D2 是否焊反；检查 IC2 是否正常工作或虚焊、贴反等现象；检查 R1～R6 电阻的数值和虚焊问题。

② 笔画问题：检查对应的功能脚是否正常；检查液晶的装配情况是否存在不良；检查

对应的笔画脚的走线是否存在短路和断路等现象；检查导电胶条是否放置正确。

③ 直流电压误差：检查 R13、R12 是否插错；检查对应的分压电阻是否存在插错、短路、虚焊等现象。

④ 交流不输入：检查 D3、D4 是否存在插反现象；检查 IC3 是否功能失效、虚焊等。

⑤ 电容挡不输入：首先检查交流电压是否正常，如果不正常应该从交流电路着手。倘若正常，那么就是电容挡问题，首先要看四个 10nF 电容是否存在虚焊、插错等现象；再检查各电阻的数值与焊接问题，最后判定 LM324 的功能问题。

⑥ 蜂鸣器不响：检查蜂鸣器在焊接部分是否存在短路；检查 R15、R16、R14、Q4、R38、R39 的数值是否插错及焊接问题；再检查 IC2b、IC3C 的功能及焊接问题。用手指压紧陶瓷晶片后，声音是否有所改变，蜂鸣器的连线是否焊接正确。

⑦ 二极管不输入：检查 PTC、R34、R36、R37 是否存在插错及焊接问题。

⑧ 电阻挡不输入：检查 PTC、R64、D15 是否存在插错和焊接问题；检查 Q3 是否存在短路等现象。

项目 3 "数字网线测试仪"的组装、调试与制作

3.1 实践目的

通过对"数字网线测试仪"的组装、调试与制作，掌握"数字网线测试仪"的工作原理，提高元器件识别、测试及整机装配、调试的技能，增强综合实践能力。

3.2 实践要求

① 掌握和理解"数字网线测试仪"原理图各部分电路的具体功能，提高看图、识图能力；

② 对照原理图和 PCB，了解"数字网线测试仪"元器件布局、装配（方向、工艺等）和接线等；

③ 掌握调试的基本方法和技巧，学会排除焊接、装配过程中出现的各种故障，解决碰到的各种问题；

④ 熟练使用各种常用仪器、仪表和电子工具，掌握元器件和整机的主要参数、技术或性能指标等的测试方法；

⑤ 解答"思考与练习题"，进一步增强理论联系实际能力。

3.3 "数字网线测试仪"原理简介

数字网线测试仪的电路原理如图 3.1 所示，主要由电源电路、显示电路、串口通信电路、单片机处理电路组成，其工作原理如下：

数字网线测试仪的信号检测是按网线一端芯线序号 1～8 顺序排列的 8 条线与微处理器 P0 口的 8 个 I/O 连接，网线另外一端芯线序号 1～8 顺序排列的 8 条线与微处理器 P2 口的 8 个 I/O 口连接。由 P0 口发送一组数据，经过网线到单片机 P2 口接收，当 P2 口接收到的数据与 P0 口发送的数据一样时，说明网线中的芯线接线正确，然后微处理器 P2 口也发送一组和 P1 口一样的数据再验证结果是否正确。经过微处理器两组端口双向检测后，可以确定检测出来的结果是准确的。

系统采用两排 DS1～2 和 DS3～3 共阳数码管显示的数字，分别代表插入 J2 和 J3、J4 插座的杜邦线序号，为了使测试结果直观，数码管显示不带点时表示杜邦线接线正确；显示带点时表示杜邦线连接错误；如果没有显示，则表示该序号芯线没有连接。

在实践过程中有任何问题和需要，可发邮件到 ychd2010@vip.163.com。

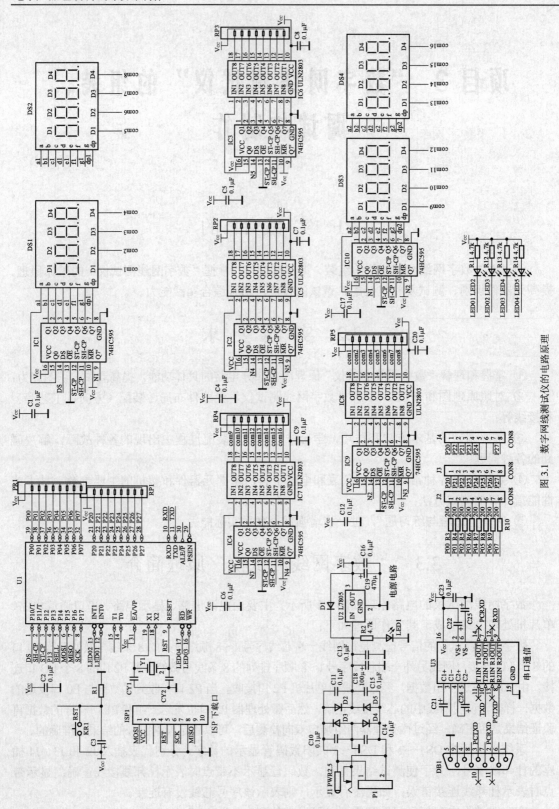

图 3.1 数字网线测试仪的电路原理

3.4 "数字网线测试仪" 的组装、调试与制作

根据"数字网线测试仪"电路原理图及其套装元件清单，PCB 板进行组装、调试与制作。

3.4.1 "数字网线测试仪" 元器件

"数字网线测试仪"套装元件清单如表 3.1 所示。

表 3.1   **"数字网线测试仪"套装元件清单**

型号/参数	代号	封装	数量
0.1μF 贴片	C1, C2, C4, C5, C6, C7, C8, C9, C10, C11, C12, C13, C14, C15, C16, C17, C20, C23	0805C	18
10μF	C3	CD0.1～0.180	1
100μF	C18	CD0.1～0.290	1
470μF	C19	CD0.1～0.220	1
1μF 贴片	C21, C22, C24, C25	0805C	4
30pF 贴片	CY1, CY2	0805C	2
1N4007	D1, D2, D3, D4, D5	DIODE0.315	5
DB9 带座串口	DB1	DSUB1.385-2H9	1
0.3641 共阳数码管	DS1, DS2, DS3, DS4	LED0.364	4
74HC595 贴片	IC1, IC2, IC3, IC4, IC9, IC10	SO-16	6
ULN2803 贴片	IC5, IC6, IC7, IC8	SOG18	4
10 脚简牛座	ISP1	IDC10L	1
PWR2.5 电源座	J1	POWER-3A	1
8 脚插针	J2, J3, J4	SIP8	3
轻触按键	KR1	SW-0606	1
贴片发光二极管（三红两绿）	LED1, LED2, LED3 绿, LED4, LED5 绿	0805D	5
电源线	P1	CC0.200	1
8P 杜邦线	J2, J3, J4 连接		1
10kΩ 贴片	R1	0805R	1
4.7kΩ 贴片	R2, R11, R12, R13, R14	0805R	5
200Ω 贴片	R3, R4, R5, R6, R7, R8, R9, R10	0805R	8
10k 排阻 9 脚	PR1,RP1, RP2, RP3	IDCD9R	4
471 排阻 9 脚	RP4, RP5		2
AT89S52（带座）	U1	DIP40	1
L7805	U2	TO-220-0	1
MAX232CPE 贴片	U3	SO-16	1
12MHz 晶振	Y1	XTAL1	1

"数字网线测试仪"主要元器件介绍如下：

1. 74HC595

74HC595 是一款漏极开路输出的 CMOS 移位寄存器，输出端口为可控的三态输出端，亦

能串行输出控制下一级级联芯片。74HC595 的特点有：

① 高速移位时钟频率 f_{max}>25MHz；

② 标准串行（SPI）接口；

③ CMOS 串行输出，可用于多个设备的级联；

④ 低功耗：TA =25℃时，I_{CC} = 4μA（MAX）。

74HC595 的引脚图如图 3.2 所示，逻辑图如图 3.3 所示，时序图如图 3.4 所示。

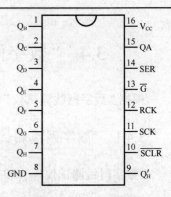

图 3.2　74HC595 引脚图

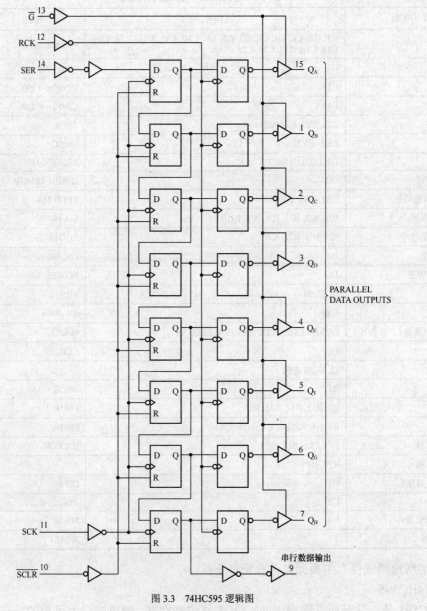

图 3.3　74HC595 逻辑图

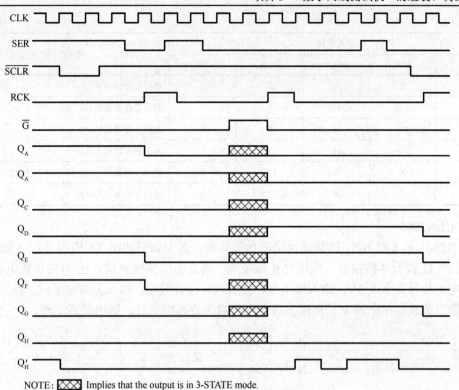

NOTE: ⬚ Implies that the output is in 3-STATE mode.

图 3.4　74HC595 时序图

74HC595 引脚功能说明如表 3.2 所示，真值表如表 3.3 所示。

表 3.2　　　　　　　　　　　　**74HC595 其引脚功能说明**

管脚号	管脚名	管脚说明
1、2、3、4、5、6、7、15	QA～QH	三态输出管脚
8	GND	电源地
9	SQH	串行数据输出管脚
10	SCLR	移位寄存器清零端
11	SCK	数据输入时钟线
12	RCK	输出存储器锁存时钟线
13	OE	输出使能
14	SI	数据线
15	V_{CC}	电源端

表 3.3　　　　　　　　　　　　**74HC595 的真值表**

输入管脚					输出管脚
SI	SCK	SCLR	RCK	OE	
X	X	X	X	H	QA～QH 输出高阻
X	X	X	X	L	QA～QH 输出有效值

续表

输入管脚					输出管脚
SI	SCK	SCLR	RCK	OE	
X	X	L	X	X	移位寄存器清零
L	上沿	H	X	X	移位寄存器存储 L
H	上沿	H	X	X	移位寄存器存储 H
X	下沿	H	X	X	移位寄存器状态保持
X	X	X	上沿	X	输出存储器锁存移位寄存器中的状态值
X	X	X	下沿	X	输出存储器状态保持

2. ULN2803

ULN2803 是 8 路 NPN 达林顿连接晶体管阵列，其引脚图如图 3.5 所示。1～8 脚为 8 路输入，18～11 脚为 8 路输出。应用时 9 脚接地，要是驱动感性负载，10 脚接负载电源 V＋。输入的电平信号为 0 或 5V，输入低电平，输出达林顿管截止；输入为高电平时，输出达林顿饱和。输出负载加在电源 V＋和输出口上，当输入为高电平时，输出负载工作。

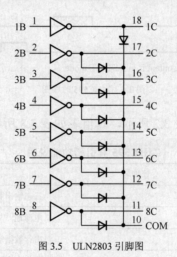

图 3.5 ULN2803 引脚图

3.4.2 "数字网线测试仪"装配

"数字网线测试仪"的 PCB 如图 3.6 所示，在 PCB 上安装元件时要确保插件位置、元器件极性正确。在实际装配过程中，建议根据电路原理图按单元电路装配，装配好一个单元电路调试好一个单元电路，既可以提高装配成功率，又有助于提高看图、识图、电路分析能力。

组装、制作完毕实物如图 3.7 所示。

1. 通电，电源指示灯 VL 亮，数码管 DS1 第一位显示数字"1"，其余数码管不亮。

2. 用杜邦线两端分别插入 J2 和 J3 插座，此时测试仪 DS1～2 和 DS3～4 两排数码管均按不带点显示 1～8 数字。拔除网线后两排数码显示管只显示单个相同数字，按复位键 S 后，回到：数码管 DS1 第一位显示数字"1"，其余数码管不亮的状态。

图 3.6 "数字网线测试仪" PCB

图 3.7 "数字网线测试仪" 实物

3．用杜邦线两端分别插入 J2 和 J4 插座，此时测试仪两排 DS1～2 和 DS3～4 数码管显示为：数字 1 为不带点(1 号芯线连接正确)；数字 2、3 为带点(2、3 号芯线序号错误)：数字 4 为不带点(4 号芯线连接正确)；数字 5、6 为红色横杠(5、6 号芯线短路)；数字 7 没有显示(7 号芯线断路)；数字 8 为不带点(8 号芯线连接正确)。

若组装、制作完后出现故障或问题，应依据电路原理图对照 PCB 进行仔细检查和调试，解决可能碰到的各种问题。

3.5 思考与练习题

用示波器的量程范围 500μs/div、2V/div，测量数字网线测试仪电路中 IC2 STC90C52RD＋的 "2"、"3" 脚数据，并把它记录在下面的表格中。

"2" 脚数据：

波形（1 分）	频率（1 分）	幅度（1 分）

"3" 脚数据：

波形（1分）	频率（1分）	幅度（1分）

项目4 "振动报警器"的组装、调试与制作

4.1 实践目的

通过对"振动报警器"的组装、调试与制作，掌握"振动报警器"的工作原理，提高元器件识别、测试及整机装配、调试的技能，增强综合实践能力。

4.2 实践要求

① 掌握和理解"振动报警器"原理图各部分电路的具体功能，提高看图、识图能力；

② 对照原理图和PCB，了解"振动报警器"元器件布局、装配（方向、工艺等）和接线等；

③ 掌握调试的基本方法和技巧，学会排除焊接、装配过程中出现的各种故障，解决碰到的各种问题；

④ 熟练使用各种常用仪器、仪表和电子工具，掌握元器件和整机的主要参数、技术或性能指标等的测试方法；

⑤ 解答"思考与练习题"，进一步增强理论联系实际能力。

4.3 "振动报警器"原理简介

振动报警器的电路原理如图4.1所示，其工作原理如下：

本报警器的主控电路使用一只廉价压电蜂鸣器Y1作为传感器。这种蜂鸣器具有双向压电效应：当在其两端加上电压时，它的压电陶瓷材料会产生机械变形而发出振动声音；反之，当它受到盗贼破门入室产生的机械振动声音时，在其两端就会产生相应的输出电压。这里利用后一种特性，使它起到振动式传感器的作用。报警发生部分则是用的前一种特性。

如图4.1所示，压电传感器Y1产生的电压由晶体管Q2等组成的第一级放大器放大约200倍。Q2集电极电压在不触发时为高电平；R1、R2为Q2提供偏置电压。开关KW1接通电源，由于电容两端电压不能突变，CD4013的10脚为高电平，并经电阻R9缓慢充电，起到开机延时报警的目的。当电容充电到10脚，电平降低到3.6V左右时，报警器进入警戒状态，一旦有足够强的振动信号，经传感器Y1检测到，并经过Q2放大，输出负跳变，触发触发器使CD4013的13脚输出高电平，触发音乐芯片工作，音乐芯片上电，由2脚输出音频信号（一般有110声、119声、120声由3脚控制：悬空110声、接正119声、接负120声），然后由Q4、Q3组成的达林顿

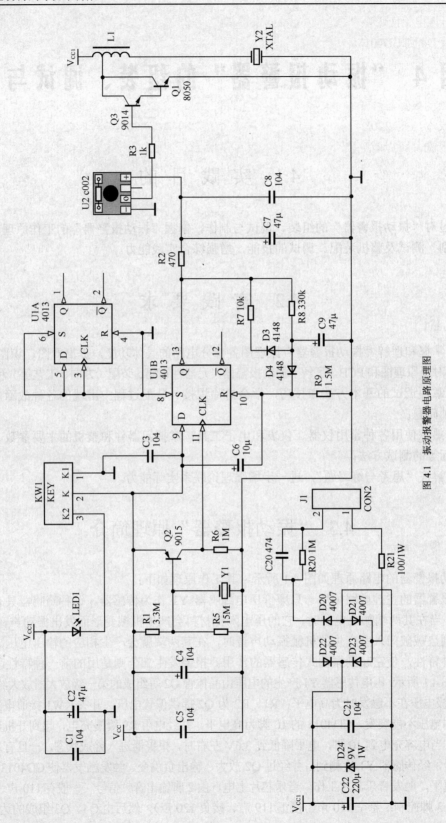

图 4.1　振动报警器电路原理图

管驱动升压电感使蜂鸣片发出警报声。这时触发的高电平经过电阻 R8 向电容 C9 缓慢充电，并经过二极管 D4 到 CD4013 的 10 脚，10 脚电平不断升高。在充电过程中 CD4013 的 13 脚保持高电平不变，直到充电电压到达 2V 左右，使 CD4013 的 13 脚翻转为低电平，C9 的电压通过二极管 D3 和电阻 R7 迅速放电，CD4013 的 10 脚降为低电平，电路重新进入警戒状态，等待下一次触发。

本振动报警器可以接两种电源，一是直接用 9V 层叠电池供电；二是可以使用 220V 市电，为节约成本，接 220V 市电通常采用电容器降压法得到所需的电压。用电容降压（实际是电容限流）可以省略变压器，因此电容降压的电源体积小、经济、可靠、效率高，缺点是不如变压器变压的电源安全。

相对于电阻降压，对于频率较低的 50Hz 交流电而言，在电容器上产生的热能损耗很小，所以电容器降压更优于电阻降压。

在电容器降压法通过电容器电流的大小，受该电容器容抗 Xc 的约束，$Xc = 1/（2\pi fC）$，其中 Xc 的单位是欧姆，交流电频率 f 的单位是赫兹，电容器 C 的单位是法拉。

如图 4.2（a）所示，当将不同容量的电容器 C 接入 AC220V 50Hz 的交流电路时，电容器 C 的容抗及其所能通过的电流如表 4.1 所示，该电流即电容器 C 所能提供的最大电流值。

表 4.1 电容量、容抗与其所能通过的电流

电容量（μF）	0.33	0.39	0.47	0.56	0.68	0.82	1.0	1.2	1.5	1.8	2.2	2.7
容抗（kΩ）	9.7	8.2	6.8	5.7	4.7	3.9	3.2	2.7	2.1	1.8	1.4	1.2
电流（mA）	23	27	32	39	47	56	69	81	105	122	157	183

用电容器降压法制作电源时，必须注意以下几点：

① 经电容器降压后，必须经整流、滤波及稳压二极管稳压后，才能获得电压稳定的电源，如图 4.2（b）所示。

② 电容器耐压最好在 630V 以上，并应用无极性的电容器，不能用有极性的电容器。

③ 必须在电容器两端并联 500kΩ～1MΩ 的泄放电阻。

④ 若需要加电源开关，为防止浪涌电流，开关应与负载 RL 并联，，如图 4.2（c）所示。

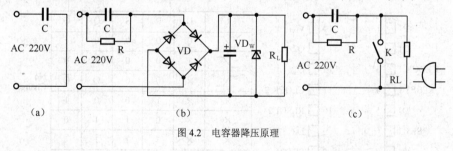

图 4.2 电容器降压原理

⑤ 在组装调试过程中要用 1：1 隔离变压器接入 AC220V 电路中，以防触电。

在实践过程中有任何需要和问题，可发邮件到 ychd2010@vip.163.com。

4.4 "振动报警器"的组装、调试与制作

根据"振动报警器"电路原理图及其套装元件清单、PCB 进行组装、调试与制作。

4.4.1 "振动报警器"元器件

"振动报警器"套装元件清单如表 4.2 所示。

表 4.2   **"振动报警器"套装元件清单**

参数/型号	代号	数量	参数/型号	代号	数量
0.1μ	C1, C21	4	9015	Q2	1
47μF	C2, C7, C9	4	9014	Q3	1
10μF	C6	1	3.3MΩ	R1	1
0.1μ	C3, C4, C5, C8	1	470Ω	R2	1
0.47μ	C20	1	1kΩ	R3	1
220μF	C22	1	15MΩ/1.5MΩ	R5/ R9	2
1N4148	D3, D4	2	1MΩ	R6, R20	2
1N4007	D20, D21, D22, D23	4	10kΩ	R7	1
5V/1W	D24	1	330kΩ	R8	1
CON2	J1	1	100Ω/1W	R21	1
KW	KW1	1	4013	U1	1
INDUCTOR_3	L1	1	c002	U2	1
LED	LED1	1	XTAL	Y1	1
8050	Q1	1	XTAL	Y2	1

"振动报警器"主要元器件介绍如下:

1. 集成电路 CD4013

CD4013 是双 D 触发器,其管脚图及功能表如图 4.3 所示。

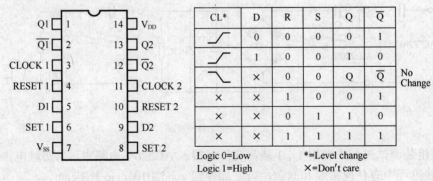

图 4.3   CD4013 管脚图及功能表

2. 音乐芯片

音乐芯片外形如图 4.4 所示,触发音乐芯片工作,音乐芯片上电就由 2 脚输出音频信号(一般有 110 声、119 声、120 声)。

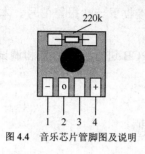

图 4.4 音乐芯片管脚图及说明

管脚号	说明
1	接地
2	音频输出
3	报警声音选择：悬空发 110 声；接（3～5V）发 119 声；接地发 120 声
4	电源脚（3～5V）

4.4.2 "振动报警器"装配

"振动报警器"的 PCB 如图 4.5 所示，在 PCB 上安装元件时要确保插件位置、元器件极性正确。在实际装配过程中，建议根据电路原理图按单元电路装配，装配好一个单元电路调试好一个单元电路，既可以提高装配成功率，又有助于提高看图、识图、电路分析能力。

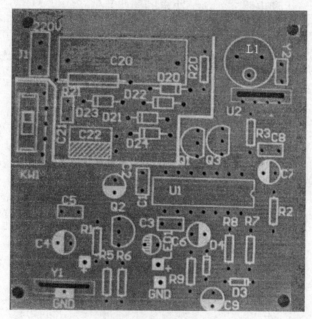

图 4.5 "振动报警器"PCB

装配"振动报警器"需要注意的是：

Y2 蜂鸣片需要自行焊接引脚，中央为正，边缘为负。三脚电感焊接时，长脚焊接到 PCB L1 的圆圈处，并且电感要朝上卧倒；Y1 感应蜂鸣片的负极直接焊接到 PCB 的敷铜面，正极焊接到 Q2 的基极（+孔）；发光二极管 LED1 焊接在 PCB 走线面，正负极不要弄错，对准壳体的孔调整高度使发光二极管刚好从壳体露出；9V 层叠电池扣电源线焊接孔在 PCB 下部的中央位置。

组装、制作完毕：

接通电源开关（开关拨到下方接通电源），发光二极管亮，进入振动报警锁死状态，在此期间，振动无效；延时 1min 左右，进入振动报警待机状态，此时若有振动信号，振动报警器发出报警声，并延时一段时间后自动停止报警，等待接收下一次报警信号。本电路耗电只有几个毫安。

若组装、制作完后出现故障，应依据电路原理图对照 PCB 进行仔细检查和调试，解决可能碰到的各种问题。

4.5　思考与练习题

① 振动报警器的电源电路的供电是经_____降压后获得，在电容器 C20 两端并联 R20 的作用是_____。D20、D21、D22、D23 组成了_____整流电路。

② 在振动检测电路中，调试电路，选择合适的器件并焊接到电路中，使振动检测电路的灵敏度较低，报警电路工作时不触发振动检测电路。Y1 是振动传感器，振动信号检测是用放大电路，振动检测电路的开机延时是由电容_____和电阻_____组成，驱动报警延时时间长短由电容_____和电阻_____决定。

③ 电容 C1 和 C2 在该电路中起_____作用。

④ 在报警电路中 Q1、Q3 组成_____（NPN/PNP）型达林顿管，在电路中三脚电感起_____作用。

项目5 "数字温度计"的组装、调试与制作

5.1 实 践 目 的

通过对"数字温度计"的组装、调试与制作,掌握"数字温度计"的工作原理,提高元器件识别、测试及整机装配、调试的技能,增强综合实践能力。

5.2 实 践 要 求

① 掌握和理解"数字温度计"原理图各部分电路的具体功能,提高看图、识图能力;
② 对照原理图和PCB,了解"数字温度计"元器件布局、装配(方向、工艺等)和接线等;
③ 掌握调试的基本方法和技巧;学会排除焊接、装配过程中出现的各种故障,解决碰到的各种问题;
④ 熟练使用各种常用仪器、仪表和电子工具,掌握元器件和整机的主要参数、技术或性能指标等的测试方法;
⑤ 解答"思考与练习题",进一步增强理论联系实际能力。

5.3 "数字温度计"原理简介

数字温度计的电路原理如图5.1所示,主要由电源电路、显示电路、串口通信电路、波形整形电路、单片机处理电路、蜂鸣器及继电器驱动电路组成,各部分电路工作原理如下:

1. 电源电路

电源电路如图5.2所示,该电源以集成三端稳压器L7805(输出稳压电压为+5V)为核心,外围元件极少,三端稳压器内部还有过流、过热及调整管的保护电路,使用起来可靠、方便,而且价格便宜。三条引脚分别是输入端、接地端(参考端)和输出端。

二极管D2(1N4007)能承受很大的反向电流,对稳压器起保护作用;C1是输入端滤波电容;C2、C3是输出端滤波电容,C2滤高频,C3滤低频。

2. 显示电路

显示电路如图5.3所示,主要由数码管、段码限流电阻和位选驱动电路组成。数码管为四位一体共阳数码管,为动态扫描显示;位选驱动为PNP型三极管驱动,若单片机给基极低电平,则三极管导通,对应的数码管选通供电,显示内容取决于段码的内容。

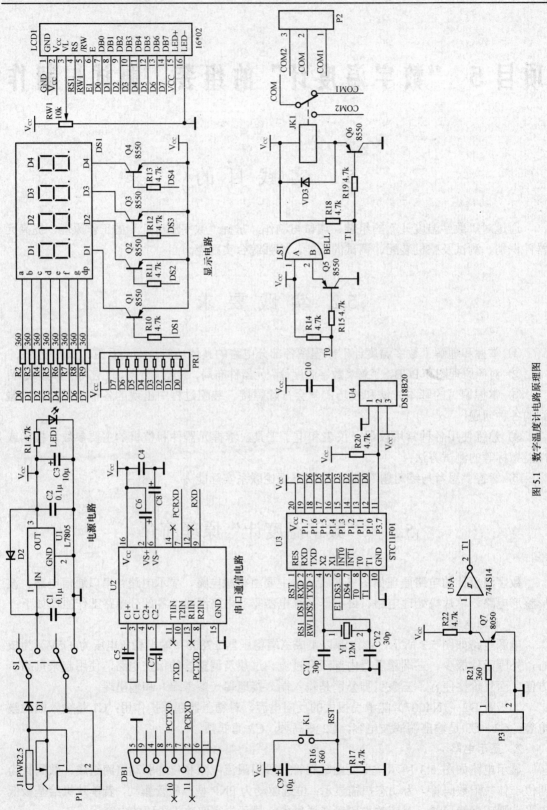

图 5.1 数字温度计电路原理图

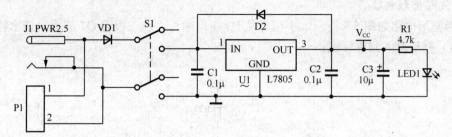

图 5.2 电源电路

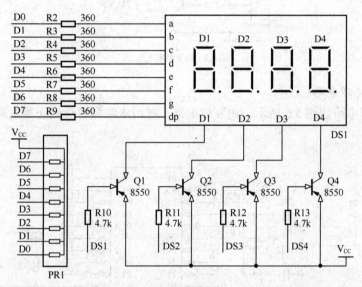

图 5.3 显示电路

3. 串口通信电路

串口通信电路如图 5.4 所示，该电路用 MAX232 实现 TTL 电平和 PC 电平之间的转换。其中电容 C4 为退耦电容，C5、C6、C7、C8 构成电荷泵电路，以产生 +12V 和-12V 两个电源。

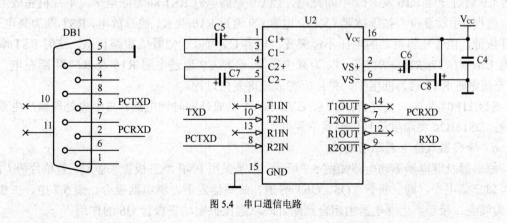

图 5.4 串口通信电路

4. 波形整形电路

波形整形电路如图 5.5 所示，小信号从 P3 端口输入，经三极管 Q7 放大，施密特触发器（74LS14）整形输入到单片机。

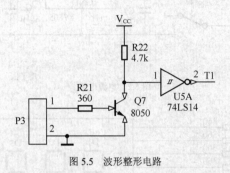

图 5.5　波形整形电路

5. 单片机处理电路

单片机处理电路如图 5.6 所示，由复位电路、时钟电路和中央处理器电路组成。

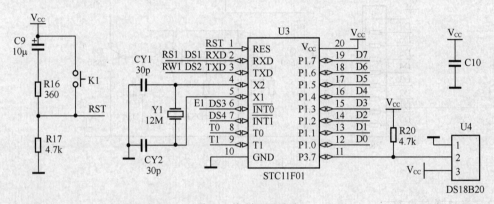

图 5.6　单片机处理电路

复位电路分上电复位与手动复位两种。系统刚上电时，由于电容两端的电压不能突变，电容 C9 可以近似看成短路状态，这时 RST 端电压为 $U\text{rst} = (R17/(R16 + R17)) \times V_{cc}$ 为高电平，电容 C9 通过电阻 R16 及 R17 不断充电，当 C9 充满电时 RST 端为低电平，单片机完成上电复位过程。手动复位为按下按键（K1），电容 C9 通过 R16 及 K1 快速放电，RST 端为高电平，放开按键，由于电容两端的电压不能突变，电容 C9 可以近似看成短路状态，这时 RST 端电压为 $U\text{rst} = (R17/(R16 + R17)) \times V_{cc}$ 为高电平，电容 C9 通过电阻 R16 及 R17 不断充电，当 C9 充满电时 RST 端为低电平，单片机完成按键复位过程。

STC11F01 为中央处理器；CY1、CY2 和 Y1 组成外围时钟电路；与中央处理器产生系统时钟；DS18B20 将温度信号传输到单片机。

6. 蜂鸣器及继电器驱动电路

蜂鸣器及继电器驱动电路如图 5.7 所示，都是采用 PNP 型三极管来驱动，若单片机（T0、T1）输出低电平，则三极管（Q5、Q6）导通，蜂鸣器发声，继电器吸合。图 5.7 中，二极管 D3 为续流二极管，当继电器由闭合到断开时，起保护驱动三极管 Q6 的作用。

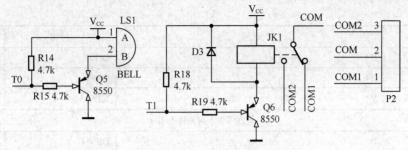

图 5.7　蜂鸣器及继电器驱动电路

在实践中有任何需要和问题，可发邮件到 ychd2010@vip.163.com。

5.4 "数字温度计"的组装、调试与制作

根据"数字温度计"电路原理图及其套装元件清单、PCB 进行组装、调试与制作。

5.4.1 "数字温度计"元器件

"数字温度计"套装元件清单如表 5.1 所示。

表 5.1 "数字温度计"套装元件清单

参数/型号	代号	封装	数量
0.1μF	C1, C2	CC0.100	2
10μF	C3, C9	CD0.1-0.180	2
0.1μF	C4, C10	CC0.100	2
4.7μF	C5, C6, C7, C8	CD0.1-0.180	4
30pF	CY1, CY2	CC0.100	2
1N4007	D1, D2,D3	DIODE0.315	3
串口头	DB1	DB9/FL	1
0.3641 数码管	DS1	LED0.364	1
DC2.1 座	J1	POWER-3A	1
5V 继电器 T73	JK1	JDQ-3F	1
轻触按键	K1	SW-0606	1
发光二极管	LED1	LED#3	1
蜂鸣器	LS1	BELL	1
10kΩ 排阻	PR1	IDCD9	1
8550 三极管	Q1, Q2, Q3, Q4, Q5, Q6	TO92	6
4.7kΩ 电阻	R1, R10, R11, R12, R13, R14, R15, R17, R18, R19, R20, R22	AXIAL0.35	12
360Ω 电阻	R2, R3, R4, R5, R6, R7, R8, R9, R16, R21	AXIAL0.35	10
6 脚开关	S1	K_DIP6	1
L7805	U1	TO-220-0	1
MAX232CPE	U2	DIP16	1

参数/型号	代号	封装	数量
STC11F01	U3	DIP20	1
DS18B20	U4	TO92	1
12MHz 晶体振荡器	Y1	XTAL1	1
原理图中下列元件不用			
74LS14	U5	DIP-14	1
插针 16	LCD1	IDCD16	1
10kΩ 电位器	RW1	VR3386P	1
8050 三极管	Q7	TO92	1

"数字温度计"主要元器件介绍如下：

1. 串口控制芯片 MAX232CPE

MAX232CPE 引脚图如图 5.8 所示，引脚功能如下：

● 1、2、3、4、5、6 脚和 4 只电容构成电荷泵电路，功能为产生+12V 和-12V 两个电源。

● 13、12、11、14 第一数据通道

● 8、9、10、7 第二数据通道

● C1+、C1-：电荷泵电容器阳极

● C2+、C2-：电荷泵电容器阴极

● T_1OUT、T_2OUT：RS-232 驱动输出

● T_1IN、T_2IN：RS-232 驱动输入

● R_1IN、R_2IN：RS-232 接收器输入

● R_1OUT、R_2OUT：RS-232 接收器输出

● Vs+（2 脚）：2 倍 V_{CC} 所产生的电荷泵

● Vs-（6 脚）：-2 倍 V_{CC} 所产生的电荷泵

● GND（15 脚）：接地端；

● V_{CC}（16 脚）：电源端+5V。

2. 单片机 STC11F01

单片机 STC11F01 引脚图如图 5.9 所示，引脚功能如下：

● RST（1 脚）：强制复位端；

● RXD（2 脚）：串行输入口；

● TXD（3 脚）：串行输出口；

● XTAL1、XTAL2（5、4 脚）：时钟电路引脚；

● $\overline{INT0}$、$\overline{INT1}$（6、7 脚）：外部中断输入口；

● T0、T1（8、9 脚）：定时/计数口；

● GND（10 脚）：接地端；

● P1.0～P1.7，P3.7（11～19 脚）：输入/输出端口；

● V_{CC}（20 脚）：电源端+5V。

3. DS18B20

DS18B20 引脚图如图 5.10 所示，引脚功能如表 5.2 所示。

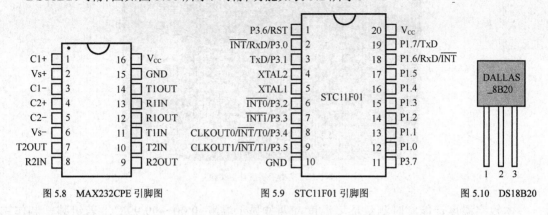

图 5.8 MAX232CPE 引脚图   图 5.9 STC11F01 引脚图   图 5.10 DS18B20

表 5.2   **DS18B20 引脚说明**

脚号	1	2	3
符号	GND	DQ	V_{CC}
功能	地	数字输入输出	电源

5.4.2 "数字温度计"装配

"数字温度计"的 PCB 如图 5.11 所示，在 PCB 上安装元件时要确保插件位置、元器件极性正确。在实际装配过程中，建议根据电路原理图按单元电路装配，装配好一个单元电路调试好一个单元电路，既可以提高装配成功率，又有助于提高看图、识图、电路分析能力。

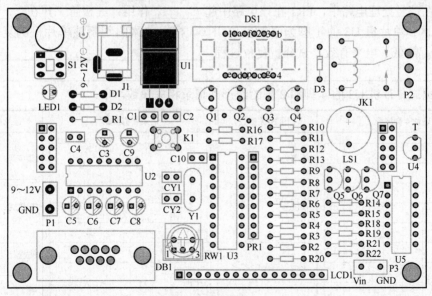

图 5.11 "数字温度计" PCB

"数字温度计"组装、制作完毕实物如图 5.12 所示。

图 5.12 "数字温度计"实物

本数字温度计能实时测量环境温度，四位显示温度 0.00～99.99℃。若组装、制作完后出现故障或问题，应依据电路原理图对照 PCB 进行仔细检查和调试，解决可能碰到的各种问题。

5.5 思考与练习题

（1）数字温度计的电源电路的供电是经_____降压后获得，电容 C1 和 C2 在该电路中起_____作用。D1 在该电路中起_____作用；D2 在该电路中起_____作用。

（2）在显示电路中，R2～R9 在该电路中起_____作用；Q1～Q4 在该电路中起_____作用。

（3）在信号处理电路中，PR1 在该电路中起_____作用；三极管工作在_____（开关/放大）区；单片机 U3 的 1 脚为强制复位引脚，根据电路图判断该单片机的复位信号是_____（高/低）电平有效，试分析复位过程_____

_____。

（4）测试单片机 U3 的 4 脚和 2 脚的波形并记录相关参数。

记录 4 脚波形	记录相关参数	记录 2 脚波形	记录相关参数
	频率为： _____Hz 幅度为： _____V		频率为： _____Hz 幅度为： _____V 占空比为： _____%

项目6 "模拟水温控制器"的组装、调试与制作

6.1 实 践 目 的

通过对"模拟水温控制器"的组装、调试与制作，掌握"模拟水温控制器"的工作原理，提高元器件识别、测试及整机装配、调试的技能，增强综合实践能力。

6.2 实 践 要 求

① 掌握和理解"模拟水温控制器"原理图各部分电路的具体功能，提高看图、识图能力；

② 对照原理图和 PCB，了解"模拟水温控制器"元器件布局、装配（方向、工艺等）和接线等；

③ 掌握调试的基本方法和技巧；学会排除焊接、装配过程中出现的各种故障，解决碰到的各种问题；

④ 熟练使用各种常用仪器、仪表和电子工具，掌握元器件和整机的主要参数、技术或性能指标等的测试方法；

⑤ 解答"思考与练习题"，进一步增强理论联系实际能力。

6.3 "模拟水温控制器"原理简介

模拟水温控制器用数码管显示温度，显示模式为：高三位显示温度，第四位显示 C。当温度低于 50℃时，继电器吸合，LED2 亮；当温度高于 50℃时继电器松开，LED2 灭；当温度高于 80℃时，电机以占空比 20% 运转；当温度高于 90℃时，蜂鸣器报警，同时电机全速运转。

模拟水温控制器的电路原理如图 6.1 所示，该控制器主要由 STC89C52 单片机，温度检测电路、ADC0809A/D 转换器、数码显示电路、直流电机控制电路、键盘和电源电路等组成。温度信号经过两路热敏电阻组成的温度检测电路转化为微弱的模拟电压信号，模拟电压信号经过运放放大传输到 A/D 转换器转化成数字信号，再传输到单片机处理：根据温度和按键情况作出相应的反应。按键说明如下：

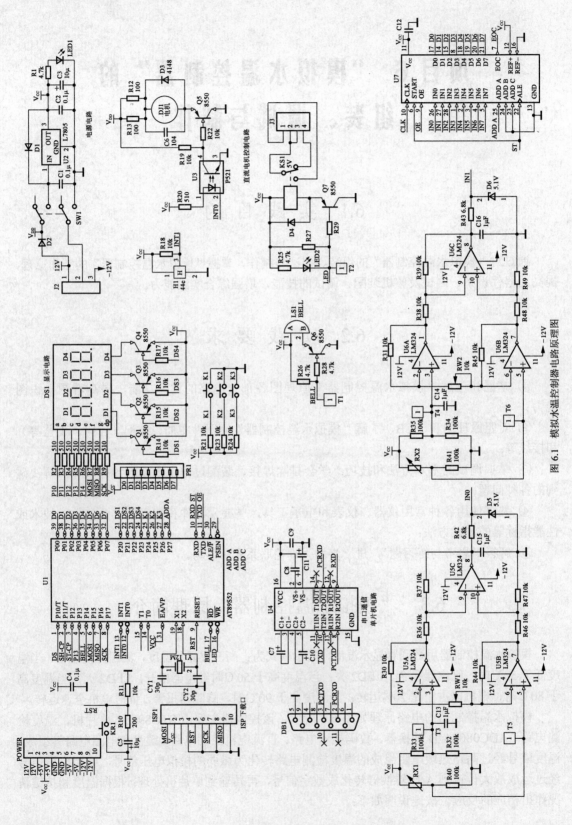

图 6.1 模拟水温控制器电路原理图

按键 K1——RX1 路水温检测；按键 K2——RX2 路水温检测；按键 K3——RX1、RX2 路水温检测的平均值。

模拟水温控制器的电源电路和串口通信电路与前面章节相类似，在此不再赘述。

1. 温度检测电路

温度检测电路如图 6.2 所示，其前级信号放大电路采用测量放大器，模数转换器用 8 位 AD 转换芯片 ADC0809。测量放大器的放大倍数高、输入阻抗大，共模抑制比高。测量放大器分两级：第一级由两个完全对称的运放电路组成；第二级是一个运放构成的差动输入放大电路，其外接元件也完全对称。

电路的总电压放大倍数为

$$Auf = （1 + 2R30/RW1） \times R37/R36$$

调节 RW1 的大小可以调节电压放大倍数，而对电路的对称型并无影响。由于电路的第一级为电压串联负反馈接法，其输入电阻较大，对被测对象影响较小。测量放大器输出电压为 0～5V，此电压输入到 AD 转换器的模拟电压输入端口进行模数转化，转化的数字信号输入到单片机，经单片机处理后显示在数码管上。稳压二极管 D5、D6 的作用是保护 AD 转换器不被过压烧坏。

2. 单片机电路

单片机电路如图 6.3 所示，由复位电路、时钟电路和中央处理器电路组成。复位电路由 R10、R11、C5 和 KR1 组成，能实现上电复位及手动复位。时钟电路由外接无源晶体振荡器 Y1、CY1 和 CY2 组成，为系统提供时钟。显示电路主要由数码管及段码限流电阻 R2～R9 和位选驱动电路组成，数码管为四位一体共阳数码管，为动态扫描显示；位选驱动用 PNP 型三极管。

3. 直流电机控制电路

直流电机控制电路如图 6.4 所示，主要由光电耦合器和驱动三极管组成，单片机输出 PWM 信号，通过光耦控制三极管 Q5 的基极，控制直流电机的平均供电电压，从而控制电机转速。电阻 R12、R13 为限流电阻，电容 C6 为高频滤波电容，二极管 D3 为续流二极管，给电机的反向电动势提供通路，保护三极管 Q5 不被电机产生的高压反向电动势烧坏。

4. 键盘、蜂鸣及继电器电路

键盘、蜂鸣及继电器电路如图 6.5 所示。

键盘电路主要有上拉电阻和轻触按键组成，轻触按键未按下时，由于电阻的上拉作用输入单片机的为高电平；当按下轻触按键时，按键直接短接到地，输入到单片机的为低电平。

蜂鸣器电路是用 PNP 型三极管驱动的，当单片机输出低电平时，三极管导通蜂鸣器发声。

继电器电路也是用 PNP 型三极管驱动的，当单片机输出低电平时，三极管导通继电器吸合。D4 为续流二极管，起保护 Q7 不被继电器断开时产生的反向电动势烧坏的作用。

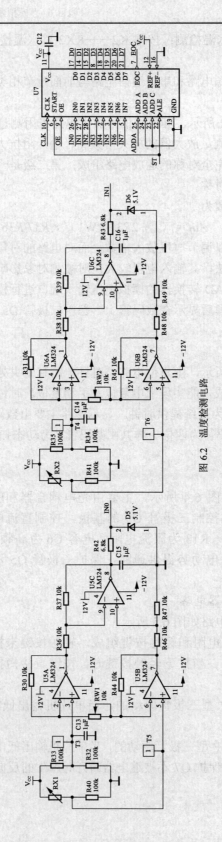

图 6.2　温度检测电路

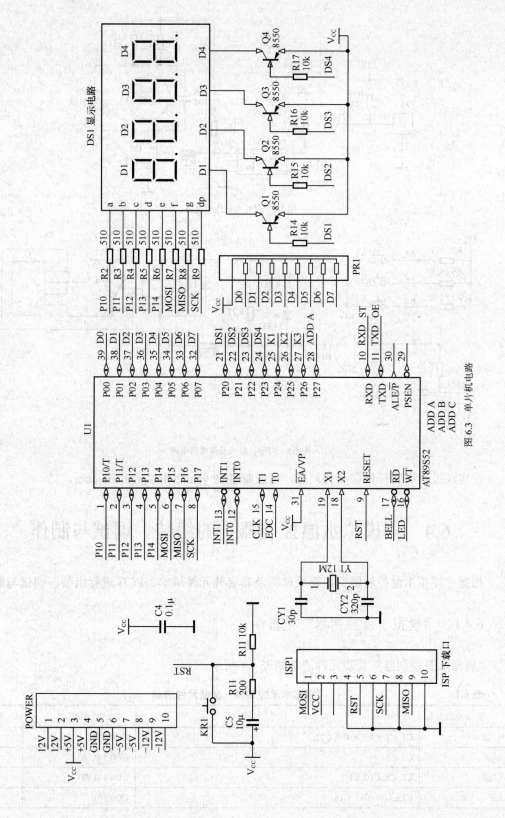

图 6.3　单片机电路

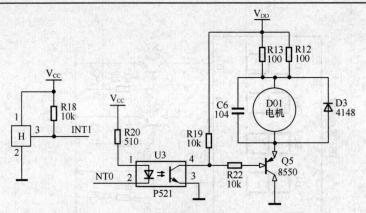

图 6.4　直流电机控制电路

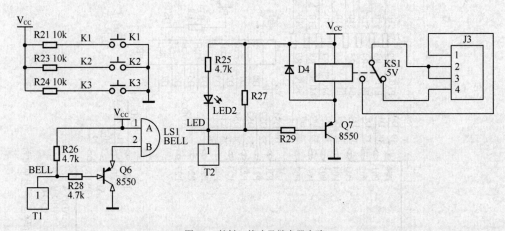

图 6.5　按键、蜂鸣及继电器电路

在实践过程中有任何需要和问题，可发邮件到 ychd2010@vip.163.com。

6.4　"模拟水温控制器"的组装、调试与制作

根据"模拟水温控制器"电路原理图及其套装元件清单、PCB 进行组装、调试与制作。

6.4.1　"模拟水温控制器"元器件

"模拟水温控制器"套装元件清单如表 6.1 所示。

表 6.1　　　　　　　　　　　　"模拟水温控制器"套装元件清单

型号/参数	代号	封装	数量
0.1μF	C1, C2, C4, C6, C9, C12,	CC0.100	6
10μF	C3, C5	CD0.1-0.180	2
4.7μF	C7, C8, C10, C11	CD0.1-0.180	4
1μF	C13, C14, C15, C16	CC0.100	4

型号/参数	代号	封装	数量
30pF	CY1, CY2	CC0.100	2
1N4007	D1, D2	DIODE0.315	2
1N4148	D3, D4	DIODE0.315	2
5.1V	D5, D6	DIODE4148	2
串口座	DB1	DSUB1.385-2H9	1
电机	DJ1	DJ	1
0.3641 数码管	DS1	LED0.364	1
10 脚简牛座	ISP1	IDC10L	1
插针	J2	3	1
插针	J3	HDR1X4	1
轻触按键	K1, K2, K3, KR1	SW-0606	4
5V 继电器	KS1	JDQ-HRS1H	1
发光二极管	LED1, LED2	LED#3	2
有源蜂鸣器	LS1	BELL	1
10kΩ 排阻	PR1	IDCD9	1
8550	Q1, Q2, Q3, Q4, Q5, Q6, Q7	TO92	7
4.7kΩ	R1, R25, R26, R28, R29	AXIAL0.35	5
510Ω	R2, R3, R4, R5, R6, R7, R8, R9, R20	AXIAL0.35	9
200Ω	R10	AXIAL0.35	1
10kΩ	R11, R14, R15, R16, R17, R18, R19, R21, R22, R23, R24, R27, R36, R37, R38, R39, R46, R47, R48, R49	AXIAL0.35	20
100Ω	R12, R13	AXIAL0.35	2
16kΩ	R30, R31, R44, R45	AXIAL0.35	4
100kΩ	R32, R33, R34, R35, R40, R41	AXIAL0.35	6
6.8kΩ	R42, R43	AXIAL0.35	2
10kΩ	RW1, RW2	VR3296	2
100kΩ	RX1, RX2	AXIAL0.3	2
自锁按键	SW1	K_DIP6	1
AT89S52	U1	ZIF40 -1	1
L7805	U2	TO-220-0	1
P521 光耦	U3	DIP4	1
MAX232CPE	U4	DIP16	1
LM324	U5, U6	DIP14	2
ADC0809	U7	DIP28	1
12MHz	Y1	XTAL1	1

"模拟水温控制器"主要元器件介绍如下:

1. 集成电路 ADC0809

ACDC0809 是 8 路 A/D 转换集成芯片,可实现 8 路模拟信号的分时采集,片内有 8 路模拟选通开关，以及相应的通道地址锁存用译码电路，其转换时间为 100μs 左右。

ADC0809 芯片为 28 引脚双列直插式封装，其引脚排列如图 6.6 所示，各引脚功能说明如下：

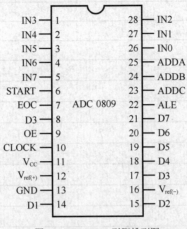

图 6.6　ADC0809 引脚排列图

● IN0～IN7：模拟量输入通道信号单极性，电压范围 0～5V，若信号过小还需进行放大。

● ADDA、ADDB、ADDC：地址线 A 为低位地址，C 为高位地址。其地址状态与通道对应关系如表 6.2 所示。

表 6.2　　　　　　　　　　　　　　选择的通道

C	B	A	选择的通道
0	0	0	IN0
0	0	1	IN1
0	1	0	IN2
0	1	1	IN3
1	0	0	IN4
1	0	1	IN5
1	1	0	IN6
1	1	1	IN7

● ALE：地址锁存允许信号。对应 ALE 上跳沿，A、B、C 地址状态送入地址锁存器中。

● START：转换启动信号。START 上跳沿时，所有内部寄存器清"0"；START 下跳沿时，开始进行 A/D 转换；在 A/D 转换期间，START 应保持低电平。本信号有时简写为 ST。

● D7～D0：数据输出线。

● OE：输出允许信号。用于控制三态输出锁存器向单片机输出转换得到的数据。OE = 0，输出数据线呈高电阻；OE = 1，输出转换得到的数据。

● CLK：时钟信号。ADC 0809 的内部没有时钟电路，所需时钟信号由外界提供。通常使用频率为 500kHz 的时钟信号。

● EOC：转换结束信号。EOC = 0，正在进行转换；EOC = 1，转换结束。使用中该状态信号既可作为查询的状态标志，又可以作为中断请求信号使用。

● Vcc：+5V 电源。

● V_{REF}：参考电源。参考电压用来与输入的模拟信号进行比较，作为逐次逼近的基准。其典型值为 + 5V（$V_{REF(+)}$ = +5V，$V_{REF(-)}$ = 0V）。

2. 集成电路 LM324

LM324 是四运放集成电路，它采用 14 脚双列直插塑料封装，外形如图 6.7 所示。它内部包含四组形式完全相同的运算放大器，除电源共用外，四组运放相互独立。11 脚接负电源，4 脚接正电源。

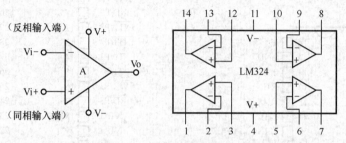

图 6.7　LM324 电路符号与管脚图

3. 集成电路 MAX232CPE

MAX232 引脚如图 6.8 所示，引脚功能说明如下：

● 1、2、3、4、5、6 脚和 4 只电容构成电荷泵电路，功能为产生±12V 电源。

● 13、12、11、14 第一数据通道；8、9、10、7 第二数据通道

● C1+、C1-：电荷泵电容器阳极；C2 +、C2-：电荷泵电容器阴极

● T1OUT、T2OUT：RS-232 驱动输出；T1IN、T2IN：RS-232 驱动输入

● R1IN、R2IN：RS-232 接收器输入；R1OUT、R2OUT：RS-232 接收器输出

● Vs +（2 脚）：2 倍 VCC 所产生的电荷泵；Vs-（6 脚）：-2 倍 VCC 所产生的电荷泵

● GND（15 脚）：接地端；VCC（16 脚）：电源端 + 5V。

4. 单片机 STC90C52RC

该芯片引脚如图 6.9 所示，其引脚功能说明如下：

（1）输入/输出引脚（I/O 口线）

P0.0～P0.7:P0 口 8 位双向 I/O 口，占 39～32 脚；

P1.0～P1.7:P1 口 8 位准双向 I/O 口，占 1～8 脚；

P2.0～P2.7:P2 口 8 位准双向 I/O 口，占 21～28 脚；

P3.0～P3.7:P3 口 8 位准双向 I/O 口，占 10～17 脚。

（2）控制口线

$\overline{PSEN}$（29 脚）：外部程序存储器读选通信号。

ALE/$\overline{PROG}$（30 脚）：地址锁存允许/编程信号。

$\overline{EA}$/VPP（31 脚）：外部程序存储器地址允许/固化编程电压输入端。

RST/VPD（9 脚）：RST 是复位信号输入端,VPD 是备用电源输入端。

（3）电源及其他

Vcc（40 脚）：电源端 + 5V。

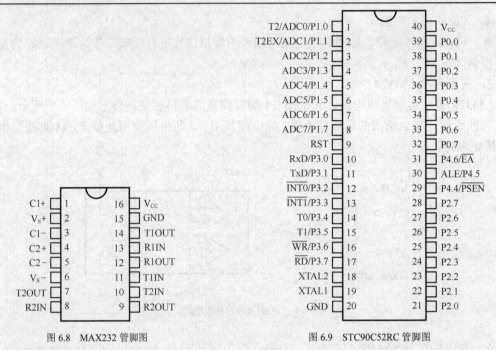

图 6.8 MAX232 管脚图   图 6.9 STC90C52RC 管脚图

GND（20 脚）：接地端。

XTAL1、XTAL2（19～18 脚）：时钟电路引脚。当使用内部时钟时，这两个引脚端外接石英晶体和微调电容。当使用外部时钟时，用于外接外部时钟源。

6.4.2 "模拟水温控制器" 装配

"模拟水温控制器" 的 PCB 如图 6.10 所示，在 PCB 上安装元件时要确保插件位置、元器件极性正确。在实际装配过程中，建议根据电路原理图按单元电路装配，装配好一个单元电路调试好一个单元电路，既可以提高装配成功率，又有助于提高看图、识图、电路分析能力。

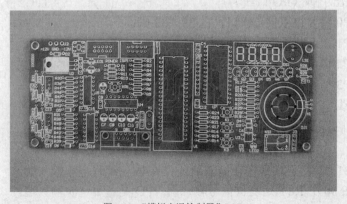

图 6.10 "模拟水温控制器" PCB

组装、制作完毕实物如图 6.11 所示。

图 6.11 "模拟水温控制器" 实物

若组装、制作完后出现故障或问题，应依据电路原理图对照 PCB 进行仔细检查和调试，解决可能碰到的各种问题。

6.5　思考与练习题

（1）在图 6.1 中 Q7 工作在_____（放大区/开关区）。

（2）在显示电路中排阻 PR1 在电路中起_____作用。

（3）在单片机电路中 C5、R10、R11、KR1 在电路中起_____作用。

（4）在温度检测电路中，RX1、R32、R33、R40 组成了_____。U5A、U5B、U5C 等其他阻容元件组成了_____（反向放大器/同向放大器/比较器/积分器/微分器/低通滤波器/带通滤波器/高通滤波器）此电路的输入电阻_____（较小/较大）。电位器 RW1 在电路中起_____作用。稳压管 D5 在电路中起_____作用。

（5）在显示电路中，R2～R9 在电路中起_____作用；三极管 Q1～Q4 在电路中起_____作用。

（6）在电源电路中，二极管 D1 在电路中起_____作用；在继电器电路中，二极管 D4 在电路中起_____作用；在直流电机控制电路中，二极管 D3 在电路中起_____作用，电容 C6 在电路中起_____作用，光耦 U3 在电路中起_____作用。

项目7 "声光控楼道灯"的组装、调试与制作

7.1 实 践 目 的

通过对"声光控楼道灯"的组装、调试与制作，掌握"声光控楼道灯"的工作原理，提高元器件识别、测试及整机装配、调试的技能，增强综合实践能力。

7.2 实 践 要 求

① 掌握和理解"声光控楼道灯"原理图各部分电路的具体功能，提高看图、识图能力；

② 对照原理图和 PCB，了解"声光控楼道灯"元器件布局、装配（方向、工艺等）和接线等；

③ 掌握调试的基本方法和技巧；学会排除焊接、装配过程中出现的各种故障，解决碰到的各种问题；

④ 熟练使用各种常用仪器、仪表和电子工具，掌握元器件和整机的主要参数、技术或性能指标等的测试方法；

⑤ 解答"思考与练习题"，进一步增强理论联系实际能力。

7.3 "声光控楼道灯"原理简介

声光控楼道灯是一种声光控电子照明装置，它能避免烦琐的人工开灯，同时具有自动延时熄灭的功能，更加节能，且无机械触点、无火花、寿命长，广泛应用于各种建筑的楼梯过道、洗手间等公共场所。

声光控楼道灯电路原理如图 7.1 所示，它由声控音频放大器、光控、延时开启电路、触发控制、恒压源电路和晶闸管主回路等组成。

在实践过程中有任何问题和需要，可发邮件到 ychd2010@vip.163.com。

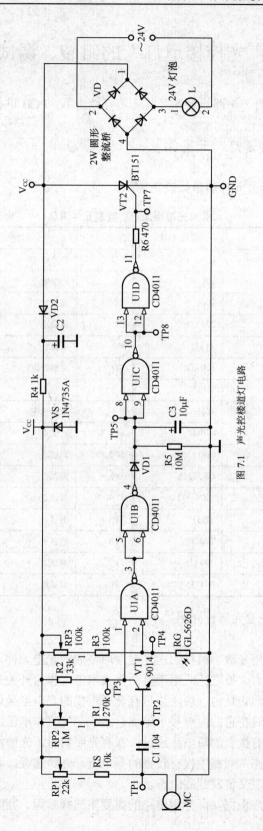

图 7.1 声光控楼道灯电路

7.4 "声光控楼道灯"的组装、调试与制作

根据"声光控楼道灯"电路原理图及其套装元件清单、PCB 进行组装、调试与制作。

7.4.1 "声光控楼道灯"元器件

"声光控楼道灯"套装元件清单如表 7.1 所示。

表 7.1   "声光控楼道灯"套装元件清单

代号	名称	型号/参数	代号	名称	型号/参数
Cl	电容	0.1μF	VD	整流桥堆	2DW
C2	电解电容	100μF	VT	三极管	9014
C3	电解电容	10μF	VT	晶闸管	BTl51
R1	电阻	270 kΩ	Ul	集成块	CD4011
R2	电阻	33 kΩ	VD	二极管	1N4148
R3	电阻	100 kΩ	VD	二极管	IN4007
R4	电阻	100Ω	L	灯	AC 24 V 灯
R5	电阻	10MΩ	J	扣线插座	CON2
R6	电阻	470kΩ	TP1	测试点	
RS	电阻	10kΩ	TP2	测试点	
RG	光敏电阻	GL5626L	TP3	测试点	
MC	驻极体话筒	CZN—15D	TP4	测试点	
RP1	电位器	22kΩ	TP5	测试点	
RP2	电位器	1 MΩ	TP6	测试点	
RP3	电位器	100 kΩ	TP7	测试点	
VS	稳压二极管	IN4735A	TP8	测试点	

"声光控楼道灯"主要元器件介绍如下:

1. 光敏电阻

光敏电阻是一种利用光敏感材料的内光电效应制成的光电元件,具有精度高、体积小、性能稳定、价格低等特点,被广泛应用于自动化技术中,作为开关式光电信号传感元件。光敏电阻的工作原理简单,它是由一块两边带有金属电极的光电半导体组成的,电极和半导体之间呈欧姆接触,使用时在它的两电极上施加直流或交流工作电压,在无光照射时,光敏电阻呈高阻态,回路中仅有微弱的暗电流通过;在有光照射时,光敏材料吸收光能,使电阻率变小,光敏电阻呈低阻态,回路中仅有较强的亮电流,光照越强,阻值越小,亮电流越大,当光照停止时,光敏电阻又恢复到高阻态。

选用光敏电阻时,应根据实际应用电路的需要来选择暗阻、亮阻合适的光敏电阻。通常

应选择暗阻大的，暗阻与亮阻相差越大越好，且额定功率大于实际耗散功率的、时间常数较小的光敏电阻。光敏电阻外形结构及图形符号如图 7.2 所示。

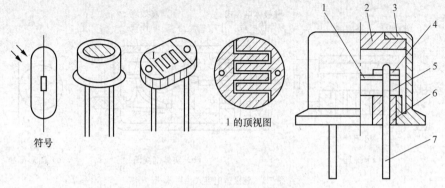

图 7.2　光敏电阻外形结构及图形符号

1—光导层（CdS）；2—玻璃窗口；3—金属外壳；4—电极；

5—陶瓷基座；6—黑色绝缘玻璃；7—电极引线

由于光敏电阻的阻值是随照射光的强弱而发生变化的，并且它与普通电阻一样也没有正、负极性，如 GL5626L 型光敏电阻的亮阻≤5 kΩ，暗阻≥5 MΩ，因此可以用万用表 R×10 k 挡测量光敏电阻的阻值，通过其变化情况来判断性能的好坏，具体方法如下：

① 将指针式万用表置于 R×10 k 挡。

② 用鳄鱼夹代替表笔分别夹住光敏电阻的两根引线。

③ 用一只手反复遮住光敏电阻的受光面，然后移开。

④ 观察万用表指针在光敏电阻的受光面被遮住前后的变化情况。若指针偏转明显，说明光敏电阻性能良好；若指针偏转不明显，则将光敏电阻的受光面靠近电灯，以增加光照强度。同时再观察万用表指针变化情况，如果指针偏转明显，则说明光敏电阻灵敏度较低；如果指针无明显偏转，则说明光敏电阻已失效。

2. 驻极体电容式传声器（驻极体话筒）

驻极体是一种永久性极化的电介质，利用这种材料制作成的电容式传声器称为驻极体电容式传声器，简称为驻极体话筒。

驻极体电容式传声器的原理如图 7.3（a）所示，其工作原理是：由于柱极体薄膜片上有自由电荷，当声波作用使薄膜片产生振动时，电容的两极之间就有电荷，于是改变了静态电容的容量，电容量的改变使电容的电输出端产生了随声波变化而变化的交变电压信号，从而完成了声电转换。

驻极体电容式传声器按结构可分为振膜驻极体电容式传声器和背极体电容式传声器。普通型的振膜驻极体电容式传声器的实体剖视图如图 7.3（b）所示。由于驻极体电容式传声器是一种高阻抗器件，不能直接与音频放大器匹配，使用时必须采用阻抗变换，使其输出阻抗呈低阻抗，因此在驻极体电容式传声器内插入一只输入阻抗高、噪声系数小的结型场效应管进行阻抗变换。驻极体电容式传声器的图形符号如图 7.3（c）所示。

驻极体电容式传声器的输出端有两个接点或三个接点。输出端为两个接点的即驻极体外壳和结型场效应晶体管的源极 S 相连为接地端，余下的一个接点则是漏极 D；三个接点的输出端即漏极 D、源极 S 与接地电极。驻极体电容式传声器接线如图 7.4 所示。

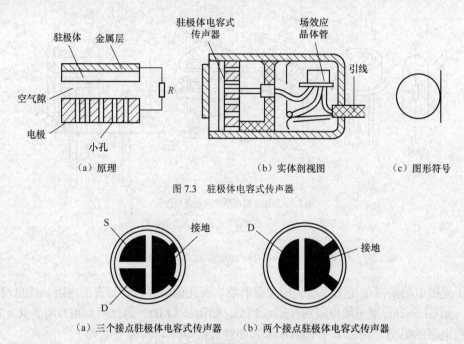

（a）原理　　　　　　　（b）实体剖视图　　　　（c）图形符号

图 7.3　驻极体电容式传声器

（a）三个接点驻极体电容式传声器　　　（b）两个接点驻极体电容式传声器

图 7.4　常见驻极体电容式传声器接线图

（1）输出端有两个接点的驻极体电容式传声器的检测。以驻极体电容式传声器 CZN-15D 为例，将万用表拨至 R×1kΩ 挡，把黑表笔接在漏极 D 接点上，红表笔接在接地点上，用嘴吹传声器并同时观察万用表指针的变化情况。若指针无变化，则传声器失效；若指针出现摆动，则传声器工作正常。摆动幅度越大，说明传声器的灵敏度越高。

（2）输出端有三个接点的驻极体电容式传声器的检测。以驻极体电容式传声器 CZN-15E 为例，先对除接地点以外的另两个接点进行极性判别，即将万用表拨至 R×1kΩ 挡，并将两个表笔分别接在两个被测接点上，读出万用表指针所指的阻值，交换表笔重复上述操作，即可得另一个阻值，然后比较两阻值的大小。在阻值小的那次操作中，黑表笔接的为源极 S，红表笔接的则为漏极 D，然后保持万用表 R×1 k 挡不变，将黑表笔接在漏极 D 接点上，红表笔接源极 S，并同时接地，再进行对有两个输出接点的驻极体电容式传声器的检测。

7.4.2　"声光控楼道灯"装配

"声光控楼道灯"的 PCB 如图 7.5 所示，在 PCB 上安装元件时要确保插件位置、元器件极性正确。在实际装配过程中，建议根据电路原理图按单元电路装配，装配好一个单元电路调试好一个单元电路，既可以提高装配成功率，又有助于提高看图、识图、电路分析能力。

组装、制作完毕实物如图 7.6 所示。

若组装、制作完后出现故障或问题，应依据电路原理图对照 PCB 进行仔细检查和调试，解决可能碰到的各种问题。

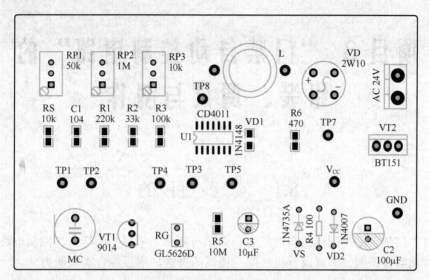

图 7.5 "声光控楼道灯" PCB

图 7.6 "声光控楼道灯" 实物

7.5　思考与练习题

（1）RP2 在电路中起_____作用；RP3 在电路中起_____作用。

（2）声控电路是怎样工作的？

（3）光控电路是怎样工作的？

（4）R5、C3 起_____作用；VD1 起_____作用。

（5）VT2 起_____作用；VD2 起_____作用。

项目8 "门禁自动控制电路"的组装、调试与制作

8.1 实践目的

通过对"门禁自动控制电路"的组装、调试与制作,掌握"门禁自动控制电路"的工作原理,提高元器件识别、测试及整机装配、调试的技能,增强综合实践能力。

8.2 实践要求

① 掌握和理解"门禁自动控制电路"原理图各部分电路的具体功能,提高看图、识图能力;

② 对照原理图和PCB,了解"门禁自动控制电路"元器件布局、装配(方向、工艺等)和接线等;

③ 掌握调试的基本方法和技巧;学会排除焊接、装配过程中出现的各种故障,解决碰到的各种问题;

④ 熟练使用各种常用仪器、仪表和电子工具,掌握元器件和整机的主要参数、技术或性能指标等的测试方法;

⑤ 解答"思考与练习题",进一步增强理论联系实际能力。

8.3 "门禁自动控制电路"原理简介

门禁自动控制电路的功能是:当人体靠近自动门时,门会自动打开,人进入后门会自动关闭。门禁自动控制给人们的生活带来了很大的方便,广泛用在超市、银行、医院等地方。

门禁自动控制电路的电路原理如图 8.1 所示,主要是由信号检测电路、信号放大电路、触发封锁电路、输出延迟电路和继电器控制电路组成。

在实践过程中有任何需要和问题,可发邮件到 ychd2010@vip.163.com。

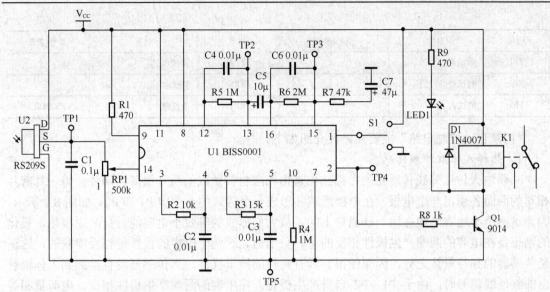

图 8.1 "门禁自动控制电路"原理图

8.4 "门禁自动控制电路"的组装、调试与制作

根据"门禁自动控制电路"电路原理图及其套装元件清单、PCB 进行组装、调试与制作。

8.4.1 "门禁自动控制电路"元器件

"门禁自动控制电路"套装元件清单如表 8.1 所示。

表 8.1   "门禁自动控制电路"套装元件清单

代号	名称	型号/参数	代号	名称	型号/参数
C1	电解电容	0.1μF	R6	电阻	2MΩ
C2	电容	0.01μF	R7	电阻	47kΩ
C3	电容	0.01μF	R8	电阻	1kΩ
C4	电容	0.01μF	R9	电阻	470Ω
C5	电解电容	10μF	U1	集成块	BISS0001
C6	电容	0.01μF	U2	人体探头	PIS209S
C7	电解电容	47μF	S1	跳线插针	
R1	电阻	470Ω	LED1	发光二极管	
R2	电阻	10kΩ	J1	扣线插座	CON2
R3	电阻	15kΩ	VD1	二极管	1N4007
R4	电阻	1MΩ	K1	继电器	DC5V
R5	电阻	1MΩ	VT1	三极管	9014

代号	名称	型号/参数	代号	名称	型号/参数
TP1	测试点		TP4	测试点	
TP2	测试点		TP5	测试点	
TP3	测试点		RP1	电位器	500kΩ

"门禁自动控制电路"主要元器件介绍如下。

1. 热释人体红外线传感器

热释电人体红外线传感器的内部结构是由相应材料做成的两片很薄的薄片，每一片薄片相对的两面各引出一个电极，在电极两端各形成一个等效的小电容 P1 和 P2，如图 8.2 所示。因为这两个小电容是做在同一硅晶片上的，故它们形成的等效小电容能自身产生极化，极化的结果是在电容的两端产生极性相反的正、负电荷。这两个电容的极性是相反串联的，这正是传感器的独特设计之处，因而使得它具有独特的抗干扰性。当传感器没有检测到人体辐射出的红外线信号时，由于 P1、P2 自身产生极化，在电容的两端产生极性相反、电荷量相等的正、负电荷，因为这两个电容的极性是相反串联的，所以正、负电荷相互抵消，回路中无电流，传感器无输出。当人体静止在传感器的检测区域内时，照射到 P1、P2 上的红外线光能能量相等，且达到平衡。极性相反、能量相等的光电流在回路中相互抵消，传感器仍然没有信号输出。当环境温度变化而引起传感器本身的温度发生变化时，因为 P1、P2 是做在同一硅晶片上的，它所产生的极性相反、能量相等的光电流在回路中仍然相互抵消，传感器无输出。传感器的低频响应（一般为 0.1～10 Hz）和对特定波长红外线的响应决定了传感器只

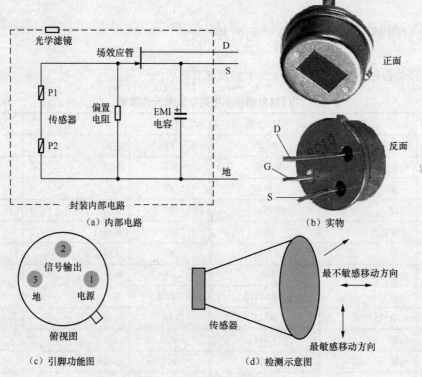

（a）内部电路 （b）实物

（c）引脚功能图 （d）检测示意图

图 8.2 热释电人体红外线传感器

对外界的红外线辐射而引起传感器温度的变化敏感，而这种变化对人体而言就是移动，所以，传感器对人体的移动或运动敏感，对静止或移动很缓慢的人体不敏感，它可以抵抗可见光和大部分红外线的干扰。该传感器主要参数：工作电压 2.2～15V；工作电流 8.5～24μA；视场 139×126°。

2. 菲涅尔镜片

菲涅尔镜片如图 8.3 所示，是红外线探头的"眼镜"，它就像人的眼镜一样，配用得当与否直接影响到使用的功效，配用不当会产生误动作或漏动作。菲涅尔透镜的作用有两个：①聚焦作用，即将热释红外线信号折射（反射）在 PIR 上。②将探测区域内分为若干个明区和暗区，使进入探测区域的移动物体能以温度变化的形式在 PIR 上产生变化热释红外信号。

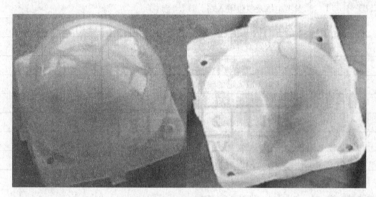

图 8.3　菲涅尔镜片实物图

镜片从外观可分为：长形、方形、圆形；从功能可分为：单区多段、双区多段、多区多段。

3. 集成块 BISS0001

BISS0001 是由运算放大器、电压比较器、状态控制器、延迟时间定时器以及封锁时间定时器等构成的数模混合专用集成电路，是一款具有较高性能的传感信号处理集成电路，其引脚及实物如图 8.4 所示，其引脚功能如表 8.2 所示。

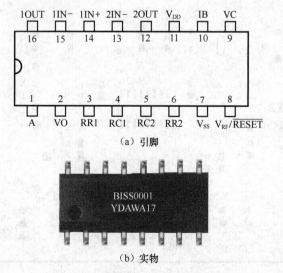

（a）引脚

（b）实物

图 8.4　BISS0001 引脚及实物

表 8.2   **BISS0001 的引脚功能说明**

引脚	名称	I/O	功能说明
1	A	I	可重复触发和不可重复触发选择端。当 A 为 "1" 时，允许重复触发，反之，不可重复触发
2	VO	O	控制信号输出端。由 V 的上跳沿触发，当 V 输出从低电平跳变到高电平时视为有效触发。在输出延迟时间
3	RR1	-	输出延迟时间的调节端
4	RC1	-	输出延迟时间的调节端
5	RC2	-	触发封锁时间的调节端
6	RR2	-	触发封锁时间的调节端
7	V_{SS}	-	工作电源的负端
8	V_{RF}/RESET	I	参考电压及复位输入端
9	VC	I	触发禁止端
10	IB	-	运算放大器偏置电流设置端
11	VDD	-	工作电源正端
12	2OUT	O	第二级运算放大器的输出端
13	2IN+	I	第二级运算放大器的反向输入端
14	1IN+	I	第一级运算放大器的同向输入端
15	1IN-	I	第一级运算放大器的反向输入端
16	1OUT	O	第一级运算放大器的输出端

8.4.2   "门禁自动控制电路"装配

    "门禁自动控制电路"的 PCB 如图 8.5 所示，在 PCB 上安装元件时要确保插件位置、元器件极性正确。在实际装配过程中，建议根据电路原理图按单元电路装配，装配好一个单元电路调试好一个单元电路，既可以提高装配成功率，又有助于提高看图、识图、电路分析能力。

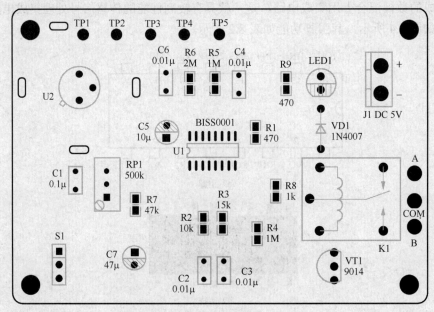

图 8.5 "门禁自动控制电路"PCB

组装、制作完毕实物如图 8.6 所示。

图 8.6 "门禁自动控制电路" 实物

若组装、制作完后出现故障或问题，应依据电路原理图对照 PCB 进行仔细检查和调试，解决可能碰到的各种问题。

8.5 思考与练习题

（1）电阻 R8 起＿＿＿＿＿＿＿＿作用；电阻 R9 起＿＿＿＿＿＿＿＿作用。

（2）继电器 K1 闭合时，通过其线圈的电流为＿＿＿＿mA。

（3）二极管 VD1 起＿＿＿＿＿＿＿＿＿＿＿＿＿＿＿＿＿＿＿＿作用。

（4）电位器 RP1 起＿＿＿＿＿＿＿＿作用。

（5）在感应到有人体靠近时，检测 TP1、TP2、TP3、TP4 四个测试点的信号，分别画出其波形，记录其主要参数（幅度、频率）。

项目9 "模拟电子计算器"的组装、调试与制作

9.1 实 践 目 的

通过对"模拟电子计算器"的组装、调试与制作，掌握"模拟电子计算器"的工作原理，提高元器件识别、测试及整机装配、调试的技能，增强综合实践能力。

9.2 实 践 要 求

① 掌握和理解"模拟电子计算器"原理图各部分电路的具体功能，提高看图、识图能力；

② 对照原理图和 PCB，了解"模拟电子计算器"元器件布局、装配（方向、工艺等）和接线等；

③ 掌握调试的基本方法和技巧；学会排除焊接、装配过程中出现的各种故障，解决碰到的各种问题；

④ 熟练使用各种常用仪器、仪表和电子工具，掌握元器件和整机的主要参数、技术或性能指标等的测试方法；

⑤ 解答"思考与练习题"，进一步增强理论联系实际能力。

9.3 "模拟电子计算器"原理简介

"模拟电子计算器"输入按键为 4×4 矩阵键盘，显示采用 8 位数码管。只可输入正数，可连续计算，计算结果只能是整数。输入大于 4 位报警，发光二极管作为按键输入提示。计算结果最大 32767，最小－32768，若超过计算范围计算结果溢出。

"模拟电子计算器"的键盘布局如图 9.1 所示，图 9.1（a）是各键盘在 PCB 上的位置，图 9.1（b）是与图 9.1（a）相对应的各键盘的定义。

"模拟电子计算器"的电路原理如图 9.2 所示，主要由电源电路、显示电路、串口通信电路、键盘输入电路、单片机处理电路、状态指示电路及蜂鸣器驱动电路组成，各部分电路工作原理如下：

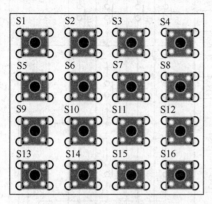

S1	S2	S3	S4
S5	S6	S7	S8
S9	S10	S11	S12
S13	S14	S15	S16

7	8	9	＋
4	5	6	－
1	2	3	×
0	返回	＝	÷

（a）键盘在 PCB 上的位置　　　　　　　　　　（b）各键盘的定义

图 9.1　键盘布局

"模拟电子计算器"的电源电路、串口通信电路、单片机处理电路与前面章节相似，在此不再赘述。

1. 显示电路

显示电路如图 9.3 所示，主要由数码管及段码限流电阻 R5～R12 和位选驱动电路组成，数码管为四位一体共阳数码管，为动态扫描显示。位选驱动选用 PNP 型三极管，单片机给基极低电平三极管导通，对应的数码管选通，显示内容取决于段码的内容。

2. 键盘输入电路

"模拟电子计算器"键盘输入电路如图 9.4 所示，输入按键为 4×4 矩阵键盘，共用八个 IO 端口，四个行扫描和四个列扫描，完成 16 按键的识别与输入。

3. 状态指示电路及蜂鸣器驱动电路

状态指示电路及蜂鸣器驱动电路如图 9.5 所示，状态指示电路由限流电阻 R2 和发光二极管 LED1 组成，当 TXD 端为低电平时放光二极管亮。蜂鸣器驱动电路用 PNP 型三极管驱动，当单片机输出低电平时，三极管导通，蜂鸣器发声。

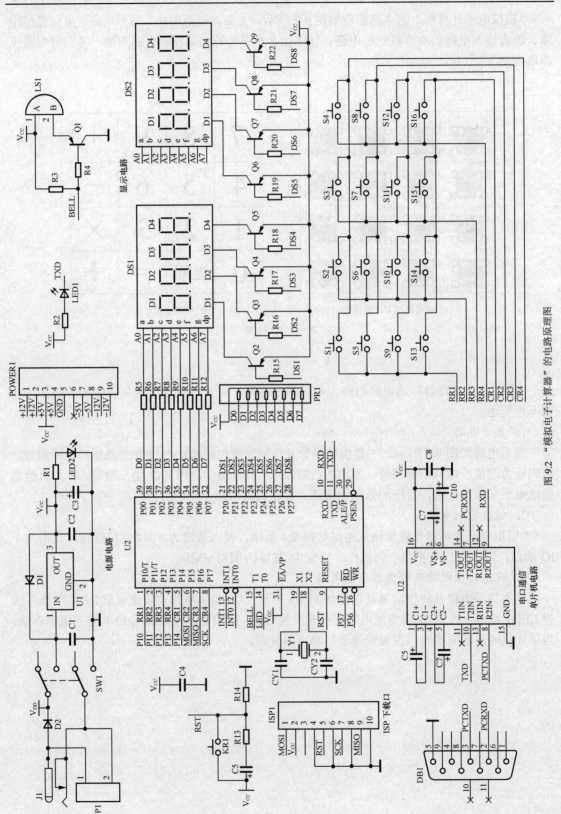

图 9.2 "模拟电子计算器" 的电路原理图

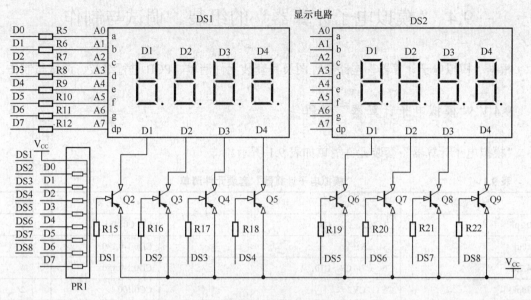

图 9.3　显示电路

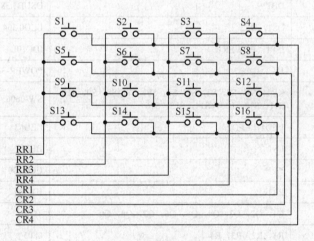

图 9.4　键盘输入电路

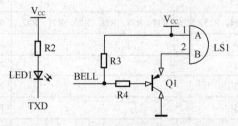

图 9.5　状态指示电路及蜂鸣器驱动电路

在实践过程中有任何需要和问题，可发邮件到 ychd2010@Vip.163.com。

9.4 "模拟电子计算器"的组装、调试与制作

根据"模拟电子计算器"电路原理图及其套装元件清单、PCB 进行组装、调试与制作。

9.4.1 "模拟电子计算器"元器件

"模拟电子计算器"套装元件清单如表 9.1 所示。

表 9.1   "模拟电子计算器"套装元件清单

型号/参数	代号	封装	数量
0.1μF	C1，C2，C4，C8	RC_C0805	4
10μF	C3，C5	CD0.1-0.180	2
4.7μF	C6，C7，C9，C10	CD0.1-0.180	4
30pF	CY1，CY2	CC0.100	2
1N4007	D1，D2	DIODE0.315	2
带座串口头	DB1	DSUB1.385-2H9	1
共阳数码管	DS1，DS2	LED0.364	2
10 脚简牛座	ISP1，POWER1	IDC10L	2
DC 电源座	J1	POWER-3A	1
轻触按键	KR1，S1，S2，S3，S4，S5，S6，S7，S8，S9，S10，S11，S12，S13，S14，S15，S16	SW-0606	17
发光二极管	LED1，LED2	LED#3	2
有源蜂鸣器	LS1	BELL	1
导线	P1	CC0.200	1
10kΩ 排阻	PR1	IDCD9	1
8550	Q1，Q2，Q3，Q4，Q5，Q6，Q7，Q8，Q9	TO92	9
4.7kΩ 贴片	R1，R2，R3，R4	0805	4
510Ω 贴片	R5，R6，R7，R8，R9，R10，R11，R12	0805	8
200Ω	R13	AXIAL0.35	1
10kΩ 贴片	R14，R15，R16，R17，R18，R19，R20，R21，R22	0805	9
自锁按键	SW1	K_DIP6	1
L7805	U1	TO-220-0	1
AT89S52/STC89C52（带座）	U2	ZIF40 -1	1
MAX232CPE（带座）	U3	DIP16	1
12M	Y1	XTAL1	1

"模拟电子计算器"主要元器件介绍如下：

1. 集成电路 MAX232CPE

MAX232 引脚如图 9.6 所示，各引脚功能说明如下：

- 1、2、3、4、5、6 脚和 4 只电容构成电荷泵电路，功能为产生±12V 电源。
- 13、12、11、14 第一数据通道；8、9、10、7 第二数据通道。
- C1＋、C1－：电荷泵电容器阳极；C2＋、C2－：电荷泵电容器阴极。
- T1OUT、T2OUT：RS-232 驱动输出；T1IN、T2IN：RS-232 驱动输入。
- R1IN、R2IN：RS-232 接收器输入；R1OUT、R2OUT：RS-232 接收器输出。
- Vs＋（2 脚）：2 倍 VCC 所产生的电荷泵；Vs-（6 脚）：-2 倍 VCC 所产生的电荷泵。
- GND（15 脚）：接地端；V_{cc}（16 脚）：电源端＋5V。

2. 单片机 STC90C52RC

STC90C52RC 引脚如图 9.7 所示，其引脚功能说明如下：

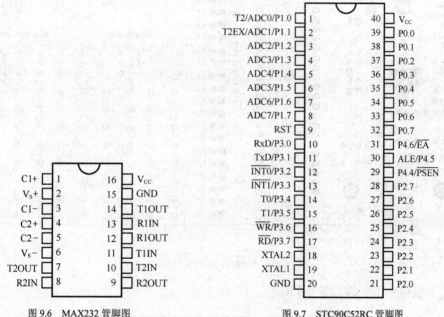

图 9.6 MAX232 管脚图   图 9.7 STC90C52RC 管脚图

（1）输入/输出引脚（I/O 口线）

P0.0～P0.7:P0 口 8 位双向 I/O 口，占 39～32 脚；

P1.0～P1.7:P1 口 8 位准双向 I/O 口，占 1～8 脚；

P2.0～P2.7:P2 口 8 位准双向 I/O 口，占 21～28 脚；

P3.0～P3.7:P3 口 8 位准双向 I/O 口，占 10～17 脚。

（2）控制口线

$\overline{PSEN}$（29 脚）：外部程序存储器读选通信号。

ALE/$\overline{PROG}$（30 脚）：地址锁存允许/编程信号。

$\overline{EA}$/VPP（31 脚）：外部程序存储器地址允许/固化编程电压输入端。

RST/VPD（9 脚）：RST 是复位信号输入端，VPD 是备用电源输入端。

（3）电源及其他

Vcc（40 脚）：电源端＋5V。

GND（20 脚）：接地端。

XTALl、XTAL2（19～18 脚）：时钟电路引脚。当使用内部时钟时，这两个引脚端外接石英晶体和微调电容。当使用外部时钟时，用于外接外部时钟源。

9.4.2 "模拟电子计算器"装配

"模拟电子计算器"的 PCB 如图 9.8 所示，在 PCB 上安装元件时要确保插件位置、元器件极性正确。在实际装配过程中，建议根据电路原理图按单元电路装配，装配好一个单元电路调试好一个单元电路，既可以提高装配成功率，又有助于提高看图、识图、电路分析能力。

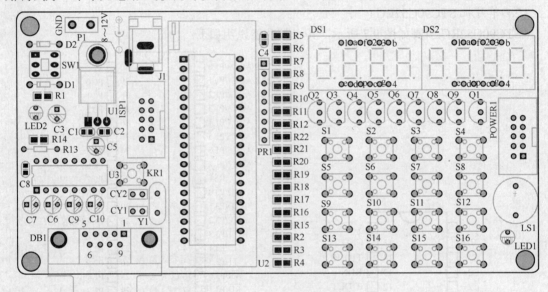

图 9.8 "模拟电子计算器"PCB

组装、制作完毕实物如图 9.9 所示。

图 9.9 "模拟电子计算器" 实物

若组装、制作完后出现故障或问题，应依据电路原理图对照 PCB 进行仔细检查和调试，解决可能碰到的各种问题。

9.5 思考与练习题

（1）图 9.2 中复位电路是如何工作的？

（2）在发声电路中 Q1 工作在_____（放大区/开关区）。

（3）在显示电路中排阻 PR1 在电路中起_____作用。

（4）在单片机电路中 C5、R13、R14、KR1 在电路中起_____作用。

（5）在显示电路中，R5～R12 在电路中起_____作用；三极管 Q2～Q9 在电路中起_____作用。

（6）在电源电路中，二极管 D2 在电路中起_____作用。

项目10 "多功能数字日历时钟"的组装、调试与制作

10.1 实 践 目 的

通过对"多功能数字日历时钟"的组装、调试与制作，掌握"多功能数字日历时钟"的工作原理，提高元器件识别、测试及整机装配、调试的技能，增强综合实践能力。

10.2 实 践 要 求

① 掌握和理解"多功能数字日历时钟"原理图各部分电路的具体功能，提高看图、识图能力；

② 对照原理图和 PCB，了解"多功能数字日历时钟"元器件布局、装配（方向、工艺等）和接线等；

③ 掌握调试的基本方法和技巧；学会排除焊接、装配过程中出现的各种故障，解决碰到的各种问题；

④ 熟练使用各种常用仪器、仪表和电子工具，掌握元器件和整机的主要参数、技术或性能指标等的测试方法；

⑤ 解答"思考与练习题"，进一步增强理论联系实际能力。

10.3 "多功能数字日历时钟"原理简介

多功能数字日历时钟的电路原理如图 10.1 所示，其按键功能说明如下：

● K1 设置按键：用于"年月日周时分秒"和"闹钟"的调节与设置；

● K2 自增按键：每按一次加一；

● K3 自减按键：每按一次减一；

● K4 状态按键：用于"年月日"、"时分秒"、"周"和"闹钟"的显示切换。

设置说明如下：

（1）当 K4 状态按键不按下，对应的 S4_StatuS = 0 时，显示"时-分-秒"，即默认显示"时分秒"，如图 10.2 所示。如显示 11-12-22 代表"11 点 12 分 22 秒"。

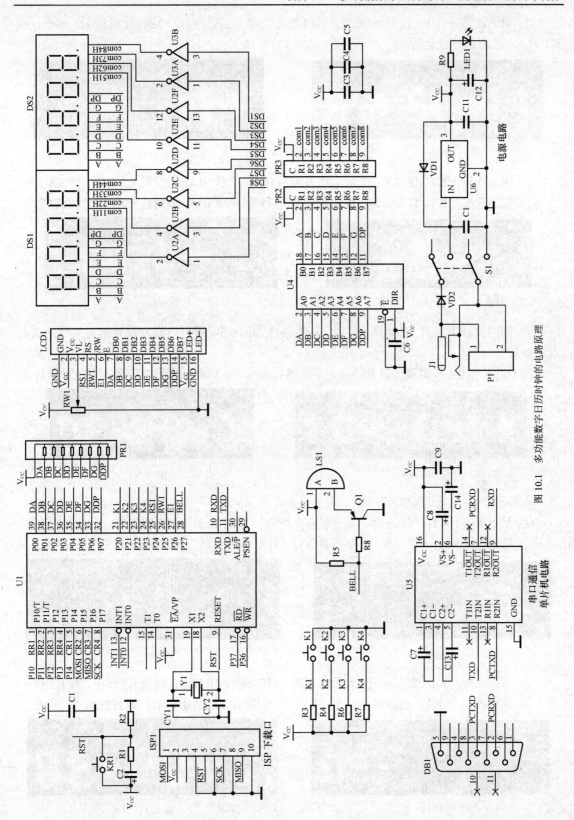

图 10.1 多功能数字日历时钟的电路原理

① 第一次按下 K1，仅显示时，显示状态为"时 - -"，见图 10.3，此时按 K2 时＋，按 K3 时－，且时间停止运行。

图 10.2

图 10.3

② 第二次按下 K1，仅显示分，显示状态为"-分-"，见图 10.4，此时按 K2 分＋，按 K3 分－。

③ 第三次按下 K1，仅显示秒，显示状态为"--秒"，见图 10.5，此时按 K2 秒＋，按 K3 秒－。

图 10.4

图 10.5

④ 第四次按下 K1，正常显示"时-分-秒"，见图 10.6，并且时间以设置的时间状态为起点开始运行。

（2）当 K4 状态按键第一次按下，对应的 S4_StatuS = 1 时，显示"年-月-日"，见图 10.7。

图 10.6

图 10.7

在显示"年-月-日"的状态下：

① 第一次按下 K1，仅显示年，显示状态为"年"，见图 10.8，此时按 K2 年＋，按 K3 年－。

② 第二次按下 K1，仅显示月，显示状态为"月"，见图 10.9，此时按 K2 月＋，按 K3 月－。

图 10.8

图 10.9

③ 第三次按下 K1，仅显示日，显示状态为"日"，见图 10.10，此时按 K2 日＋，按 K3 日－。

④ 第四次按下 K1，正常显示"年-月-日"，见图 10.11，"年月日"设置完成。

图 10.10

图 10.11

（3）当 K4 状态按键第二次按下，对应的 S4_StatuS = 2 时，显示"----周---"，见图 10.12。

在显示"----周---"的状态下：

① 第一次按下 K1，仅显示年，显示状态为"-周-"，见图 10.13，此时按 K2 周＋，按 K3 周--。

图 10.12

图 10.13

② 第二次按下 K1，正常显示"----周---"，见图 10.14，周设置完成。

（4）当 K4 状态按键第三次按下，对应的 S4_StatuS = 3 时，显示"aa-闹钟时-闹钟分"，见图 10.15。

图 10.14

图 10.15

在显示"aa-闹钟时-闹钟分"的状态下：

① 第一次按下 K1，仅显示闹钟状态，显示状态为"aa-"，见图 10.16，此时按 K2 闹钟状态＋，按 K3 年闹钟状态－。

注意：状态为"-aa"表示闹钟不响闹，状态为"bb-"表示闹钟响闹。

② 第二次按下 K1，仅显示闹钟时，显示状态为"闹钟时-"，见图 10.17，此时按 K2 闹钟时＋，按 K3 闹钟时-。

图 10.16

图 10.17

③ 第三次按下 K1，仅显示闹钟分，显示状态为"-闹钟分"，见图 10.18，此时按 K2 闹钟分＋，按 K3 闹钟分－。

④ 第四次按下 K1，正常显示"aa-闹钟时-闹钟分"，见图 10.19，闹钟设置完成。

图 10.18

图 10.19

（5）当 K4 状态按键第四次按下，则返回显示"时-分-秒"，对应的 S4_StatuS 也被再次设置为 0。

注意：

① 由于"年-月-日"与"时-分-秒"的显示十分相似，在调节的时候为了防止混淆，所以在调节"时-分-秒"的时候"-"显示，而在调节"年-月-日"的时候"-"不显示。

② 由于"----周---"的显示只有一位有效数据，所以为了区别正常显示与调节状态，周的正常显示为"----周---"，调节状态显示为"-周-"。

③ 时间到闹钟定时时间，闹钟响闹，发出"滴----滴-滴"的响闹铃声，默认响闹时间为 5 分钟，按 K2、K3、K4 均可终止响闹。

④ 只有在调节"时分秒"的时候，时间是停止的；调节除"时分秒"外的任意一项，时间均是运行的。

"多功能数字日历时钟"主要由电源电路、显示电路、串口通信电路、单片机处理电路、按键电路及蜂鸣器驱动电路组成，各部分电路工作原理如下：

"多功能数字日历时钟"的电源电路、串口通信电路、单片机处理电路与前面章节相类似，在此不再赘述。

1. 显示电路

显示电路如图 10.20 所示，主要由数码管及段码驱动电路和位选驱动电路组成，数码管为四位一体共阳数码管，显示方式为动态扫描显示。段码驱动电路由 74LS245 双向缓冲器做驱动器件，工作方式为由 A 到 B 直通；位选驱动电路由八路反相器做驱动。由于数码管为共阳数码管，当反相器输入端为低电平时，数码管公共端为高电平，对应段码为低电平时数码管笔端发光，显示段码内容。

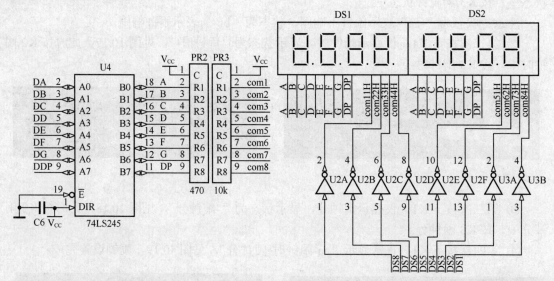

图 10.20　显示电路

2. 按键电路及蜂鸣器驱动电路

按键电路及蜂鸣器驱动电路如图 10.21 所示，按键电路主要由上拉电阻和轻触按键组成，轻触按键未按下时由于电阻的上拉作用输到单片机的为高电平，当按下轻触按键时，按键直接短接到地，输到单片机为低电平。蜂鸣器驱动电路用 PNP 型三极管驱动，当单片机输出低电平时，三极管导通，蜂鸣器发声。

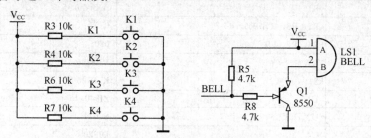

图 10.21　按键电路及蜂鸣器驱动电路

在实践过程中有任何需要和问题，可发邮件到 ychd2010@vip.163.com。

10.4　"多功能数字日历时钟"的组装、调试与制作

根据"多功能数字日历时钟"电路原理图及其套装元件清单、PCB 进行组装、调试与制作。

10.4.1　"多功能数字日历时钟"元器件

"多功能数字日历时钟"套装元件清单如表 10.1 所示。

表 10.1　　　　　　　　**"多功能数字日历时钟"套装元件清单**

型号/参数	代号	封装	数量
0.1μF	C1，C3，C4，C5，C6，C9 ，C10，C11	RC_C0805	8
10μF	C2，C12	CD0.1-0.180	2
4.7μF	C7，C8，C13，C14	CD0.1-0.180	4
30pF	CY1，CY2	CC0.100	2
1N4007	D1，D2	DIODE0.315	2
串口座	DB1	DSUB1.385-2H9	1
共阳数码管	DS1，DS2	LED0.3641	2
10 脚简牛座	ISP1	IDC10L	1
DC 电源座	J1	POWER-3A	1
轻触按键	K1，K2，K3，K4，KR1	SW-0606	5
16 脚插针	LCD1	LCD-YM1602C	1
发光二极管	LED1	LED#3	1
有源蜂鸣器	LS1	BELL	1
导线	P1	CC0.200	1
10kΩ 排阻	PR1PR3	IDCD9	2
470 欧姆排阻	PR2	SIP09	1

续表

型号/参数	代号	封装	数量
8550	Q1	TO92	1
200Ω	R1	AXIAL0.35	1
10kΩ 贴片	R2，R3，R4，R6，R7	0805	5
4.7kΩ 贴片	R5，R8，R9	0805	3
10kΩ 电位器	RW1	VR3296	1
自锁按键	S1	K_DIP6	1
AT89S52/STC89C52	U1	ZIF40 -1	1
CD4069/74LS04 贴片	U2，U3	SO-14	2
74LS245（带座）	U4	DIP20	1
MAX232CPE 贴片	U5	SO-16	1
L7805	U6	TO-220-0	1
12MHz	Y1	XTAL1	1

"多功能数字日历时钟"主要元器件介绍如下：

1. 集成电路 74LS245

74LS245 是一种三态输出的 8 总线收发驱动器，无锁存功能。

74LS245 的管脚图和功能表如图 10.22 所示。它的 G 端和 DIR 端是控制端，当它的 G 端为低电平时，如果 DIR 为高电平，则 74LS245 将 A 端数据传送至 B 端；如果 DIR 为低电平，则 74LS245 将 B 端数据传送至 A 端。在其他情况下不传送数据，并输出高阻态。

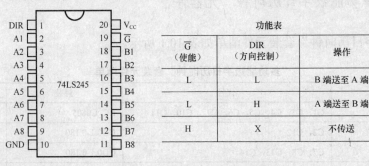

图 10.22　74LS245 的管脚图和功能表

2. 集成电路 7406

7406 为 OC 门，它内部包含 6 个完全相同的非门，7406 功能与管脚图如图 10.23 所示。

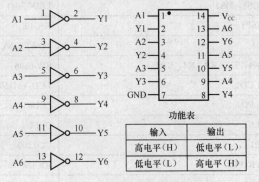

图 10.23　7406 功能与管脚图

3. 集成电路 MAX232CPE

见前面章节介绍。

4. 单片机 STC90C52RC

见前面章节介绍。

10.4.2 "多功能数字日历时钟"装配

"多功能数字日历时钟"的 PCB 如图 10.24 所示，在 PCB 上安装元件时要确保插件位置、元器件极性正确。在实际装配过程中，建议根据电路原理图按单元电路装配，装配好一个单元电路调试好一个单元电路，既可以提高装配成功率，又有助于提高看图、识图、电路分析能力。

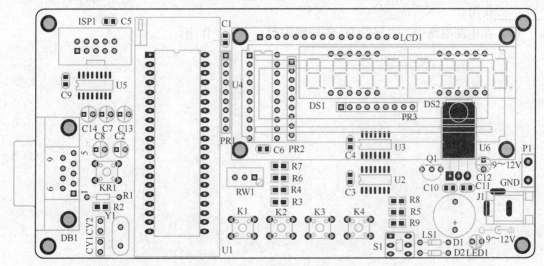

图 10.24 "多功能数字日历时钟" PCB

组装、制作完毕实物如图 10.25 所示。

图 10.25 "多功能数字日历时钟" 实物

若组装、制作完后出现故障或问题，应依据电路原理图对照 PCB 进行仔细检查和调试，解决可能碰到的各种问题。

10.5　思考与练习题

（1）在发声电路中 Q1 工作在_____（放大区/开关区）。

（2）在显示电路中排阻 PR1 在电路中起_____作用。

（3）在单片机电路中 C5、R13、R14、KR1 在电路中起_____作用。

（4）在显示电路中，R5～R12 在电路中起_____作用；三极管 Q2～Q9 在电路中起_____作用。

（5）在电源电路中，二极管 D1 在电路中起_____作用。

项目11 "液位控制器"的组装、调试与制作

11.1　实　践　目　的

通过对"液位控制器"的组装、调试与制作，掌握"液位控制器"的工作原理，提高元器件识别、测试及整机装配、调试的技能，增强综合实践能力。

11.2　实　践　要　求

① 掌握和理解"液位控制器"原理图各部分电路的具体功能，提高看图、识图能力；

② 对照原理图和 PCB，了解"液位控制器"元器件布局、装配（方向、工艺等）和接线等；

③ 掌握调试的基本方法和技巧；学会排除焊接、装配过程中出现的各种故障，解决碰到的各种问题；

④ 熟练使用各种常用仪器、仪表和电子工具，掌握元器件和整机的主要参数、技术或性能指标等的测试方法；

⑤ 解答"思考与练习题"，进一步增强理论联系实际能力。

11.3　"液位控制器"原理简介

在水塔中经常要根据水面的高低进行水位的自动控制，同时进行水位压力的检测和控制。该液位控制器具有水位检测、报警、自动上水和排水（上水用电机正转模拟，下水用电机反转模拟）、压力检测功能。

液位控制器的电路原理如图 11.1 所示，该控制器主要由电源电路、显示电路、单片机处理电路、按键及蜂鸣器驱动电路、液位检测电路、压力检测电路组成，由三路"传感器"（三根插入水中的导线）检测液位的变化，由 89S52 控制液位的显示及电泵的抽放水，由 ADC0809 采集水位压力的变化并由数码管显示压力。各部分电路工作原理如下：

液位控制器的电源电路、显示电路、单片机处理电路、按键及蜂鸣器驱动电路与前面章节相类似，在此不再赘述。

1. 液位检测电路

液位检测电路如图 11.2 所示，该液位检测是利用水具有导电性的特性，三路检测都采用

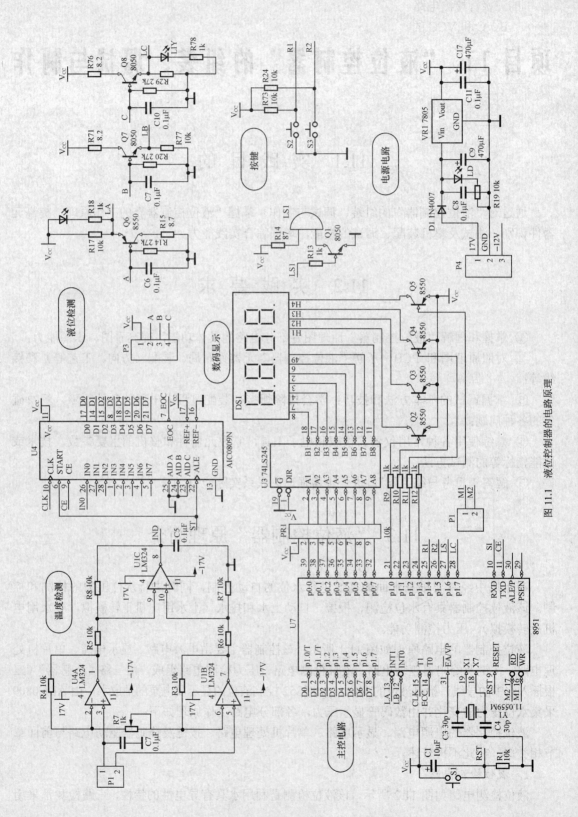

图 11.1 液位控制器的电路原理

简单的三极管检测电路检测液位变化。实际检测时，从单片机 P3 焊接出四根导线，分别将接 A、B、C 和 VCC 的导线放入水杯（模拟水塔）中，位置如图 11.3 所示。

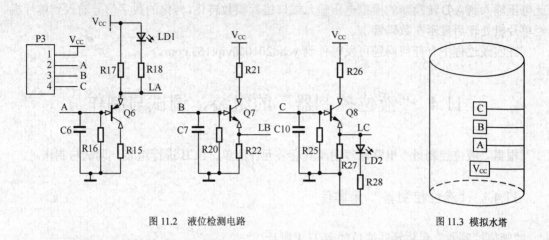

图 11.2 液位检测电路　　　　　　　　图 11.3 模拟水塔

若某端子和 VCC 间没有水作导体时，其对应三极管截止，对应输出低电平到单片机；若某端子和 VCC 间有水作导体时，其对应三极管导通，对应输出高电平到单片机。

2. 压力检测电路

压力检测电路如图 11.4 所示，水压力检测电路的前级信号放大电路为测量放大器，模数转换器为 8 位 AD 转换芯片 ADC0809。

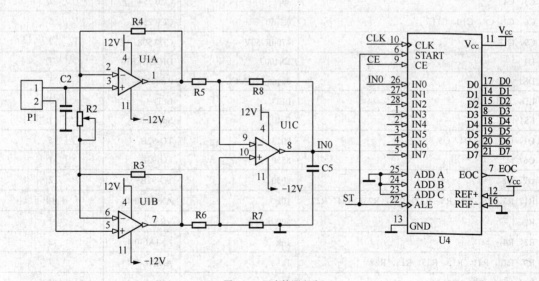

图 11.4 压力检测电路

测量放大器主要有三个优良指标：一是放大倍数高，二是输入阻抗高，三是共模抑制比高。放大器分为前后两级。第一级由两个完全对称的运放电路组成；第二级是一个运放构成的差动输入放大电路，其外接元件也完全对称。

电路的总电压放大倍数为

$$Auf = （1 + 2R3/R2）\times R8/R5$$

调节 $R2$ 的大小可以调节电压放大倍数，而对电路的对称型并无影响。由于电路的第一级为电压串联负反馈接法，其输入电阻较高，对被测对象影响较小。输出电压为 $0\sim5V$ 电压，此电压输入到 A/D 转换器的模拟电压输入端口进行模数转化，转化的数字信号输入到单片机，经单片机处理后显示在数码管上。

在实践过程中有任何问题可发邮件到 ychd2010@vip.163.com。

11.4 "液位控制器"的组装、调试与制作

根据"液位控制器"电路原理图及其套装元件清单、PCB 进行组装、调试与制作。

11.4.1 "液位控制器"元器件

"液位控制器"套装元件清单如表 11.1 所示。

表 11.1   **"液位控制器"套装元件清单**

代号	型号/参数	封装	数量
C1	10μF	CD0.254A	1
C2，C5	1μF	CC0.254	2
C3，C4	30pF	CC0.254	2
C6，C7，C8，C10，C11	0.1μF	CC0.254	5
C9，C12	470μF /50V	CD0.508	2
D1	1N4007	DIODE1.016	1
DS1	display-4CA/CC	0.3684	1
LD，LD1，LD2	LED	LED-3	3
LS1	Bell	Speaker	1
Q1，Q2，Q3，Q4，Q5	9013	TO-92B	5
Q6	8550	TO-92B	1
Q7，Q8	8050	TO-92B	2
R1，R5，R6，R7，R8，R17，R22，R23，R24，R27	10k	AXIAL-0.4	10
R2	500 电位器	VR5	1
R3，R4	16k	AXIAL-0.4	2
R9，R10，R11，R12，R13，R18，R28	1k	AXIAL-0.4	7
R14，R15，R21，R26	8.2	AXIAL-0.4	4
R16，R20，R25	27k	AXIAL-0.4	3
R19	4.7k	AXIAL-0.4	1
S1，S2，S3	SW-PB	KEYS-D	3
U1	LM324	DIP14	1
U2	89S52	DIP40	1
U3	74F245	DIP20	1

代号	型号/参数	封装	数量
U4	ADC0809N	DIP28	1
VR1	7805	TO-126	1
Y1	11.0592M	XTAL2	1
B1	Motor	RB5-10.5	1
C1	0.1μF	CC0.254	1
D1，D2，D3，D4	4148	DIODE0.700	4
Q1，Q2	8550	TO-92B	2
Q3，Q4	9013	TO-92B	2
Q5，Q6	8050	TO-92B	2
R1，R2，R3，R4，R7，R8／（R5，R6）	Res2	AXIAL-0.4	8
DIP14	IC 配套座		1
DIP20	IC 配套座		1
DIP28	IC 配套座		1
DIP40	IC 配套座		1
PCB			1

"液位控制器"主要元器件介绍如下：

1. ADC0809

ADC0809 位 8 路 A/D 转换集成芯片。可实现 8 路模拟信号的分时采集，片内有 8 路模拟选通开关，以及相应的通道地址锁存用译码电路，其转换时间为 100μs 左右。其引脚排列如图 11.5 所示，各引脚功能说明如下：

● IN0～IN7：模拟量输入通道信号单极性，电压范围 0～5V，若信号过小还需进行放大。

● ADDA、ADDB、ADDC：地址线 A 为低位地址，C 为高位地址。其地址状态与通道对应关系见表 11.2。

● ALE：地址锁存允许信号。对应 ALE 上跳沿，A、B、C 地址状态送入地址锁存器中。

● START：转换启动信号。START 上跳沿时，所有内部寄存器清"0"；START 下跳沿时，开始进行 A/D 转换；在 A/D 转换期间，START 应保持低电平。本信号有时简写为 ST。

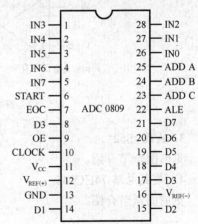

图 11.5 ADC0809 引脚排列图

● D_7～D_0：数据输出线。

● OE：输出允许信号。用于控制三态输出锁存器向单片机输出转换得到的数据。OE = 0，输出数据线呈高电阻；OE = 1，输出转换得到的数据。

● CLK：时钟信号。ADC0809 的内部没有时钟电路，所需时钟信号由外界提供。通常使用频率为 500kHz 的时钟信号。

表 11.2 通道选择

C	B	A	选择的通道
0	0	0	IN0
0	0	1	IN1
0	1	0	IN2
0	1	1	IN3
1	0	0	IN4
1	0	1	IN5
1	1	0	IN6
1	1	1	IN7

● EOC：转换结束信号。EOC = 0，正在进行转换；EOC = 1，转换结束。使用中该状态信号既可作为查询的状态标志，又可以作为中断请求信号使用。

● Vcc：+5V 电源。

● Vref：参考电源。参考电压用来与输入的模拟信号进行比较，作为逐次逼近的基准。其典型值为+5V（$Vref_{(+)} = +5V$，$Vref_{(-)} = 0V$）。

2. 集成电路 LM324

LM324 是四运放集成电路，它采用 14 脚双列直插塑料封装，电路符号与管脚图如图 11.6 所示。它内部包含四组形式完全相同的运算放大器，除电源共用外，四组运放相互独立。11 脚接负电源，4 脚接正电源。

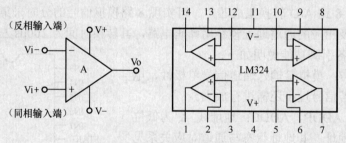

图 11.6　LM324 电路符号与管脚图

3. AT89S52

见前面章节介绍。

4. 集成电路 74HC245

见前面章节介绍。

11.4.2 "液位控制器"装配

"液位控制器"的 PCB 如图 11.7 所示，在 PCB 上安装元件时要确保插件位置、元器件极性正确。在实际装配过程中，建议根据电路原理图按单元电路装配，装配好一个单元电路调试好一个单元电路，既可以提高装配成功率，又有助于提高看图、识图、电路分析能力。

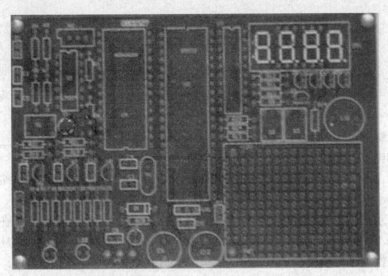

图 11.7 "液位控制器" PCB

组装、制作完毕实物如图 11.8 所示。

图 11.8 "液位控制器" 实物

电路焊接好后，接通电源，改变液位使检测点变化，当液位在 A 点以下时红灯连续亮并且发出频率较高的报警声，显示 00，电机正转；当 A≤液位<B 时，显示 0A，电机正转；当 B≤液位<C 时，显示 0B，电机不转；液位在 C 点及以上时，绿灯连续亮并且发出报警声，显示 0C，电机反转。按键 S1 是复位按键，按下 S3 切换到温度显示。

若组装、制作完后出现故障或问题，应依据电路原理图对照 PCB 进行仔细检查和调试，解决可能碰到的各种问题。

11.5 思考与练习题

（1）分析主板刚上电时，芯片 9 脚的电平变化情况：先_____电平，然后保持_____电平不变。

（2）在电路中，PR1 起_____作用；R9、R10、R11、R12 在电路中起_____作用；D11、D12 在电路中起的作用相当于数字电路的_____门电路。

（3）在压力检测电路中，压力信号检测是用_____放大电路，此电路的输入电阻_____（较小/较大）。

（4）编写水位压力检测程序。假设从 P1 输入的直流电压为 10mV，必须在 LM324 第 8 脚 IN0 端得到 1V 的信号，数码管显示压力为 20，保持放大倍数不变，若水位压力与 IN0 的输入电压为线性关系，满足 F = 20VIN0，编写 VIN0 在 0~5V 范围内的程序。

（5）编写一段简单的电机驱动程序，使图 11.9 所示电机驱动电路按表 11.3 所示要求工作。

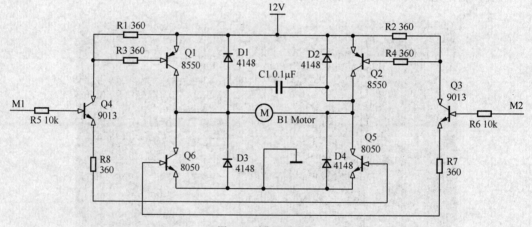

图 11.9 电机驱动电路

表 11.3 　　　　　　　　　　　　　　　　电机工作要求

M1（接 89S52 的 16 脚）	M2（接 89S52 的 17 脚）	电机运行情况
高电平	低电平	正转
低电平	高电平	反转
低电平	低电平	不转

项目12 "模拟擦鞋器"的组装、调试与制作

12.1 实践目的

通过对"模拟擦鞋器"的组装、调试与制作，掌握"模拟擦鞋器"的工作原理，提高元器件识别、测试及整机装配、调试的技能，增强综合实践能力。

12.2 实践要求

① 掌握和理解"模拟擦鞋器"原理图各部分电路的具体功能，提高看图、识图能力；

② 对照原理图和 PCB，了解"模拟擦鞋器"元器件布局、装配（方向、工艺等）和接线等；

③ 掌握调试的基本方法和技巧；学会排除焊接、装配过程中出现的各种故障，解决碰到的各种问题；

④ 熟练使用各种常用仪器、仪表和电子工具，掌握元器件和整机的主要参数、技术或性能指标等的测试方法；

⑤ 解答"思考与练习题"，进一步增强理论联系实际能力。

12.3 "模拟擦鞋器"原理简介

"模拟擦鞋器"的电路原理如图 12.1 所示，主要由电源、红外感应检测电路、单片机控制部分、显示电路、电机正反转电路、PWM 调速电路以及继电器、蜂鸣器控制 8 路发光显示电路组成。"模拟擦鞋器"电路可以检测红外感应情况，并实现继电器控制，电机的正反转和 PWM 调速实现三挡速度切换。

"模拟擦鞋器"电路共设有正转（K1 键）、反转（K2 键）、经济（K3 键）、常规（K4 键）、加强（K5 键）、和复位（FW1 键）6 个键，正常工作时，P1 接直流 +9V。

当接通电源或 FW1 按下即电路复位时，"模拟擦鞋器"电路处于初始状态，显示"0000"；

当"模拟擦鞋器"电路在无效工作状态，即红外感应检测电路没有检测到信号时，显示"0000"；

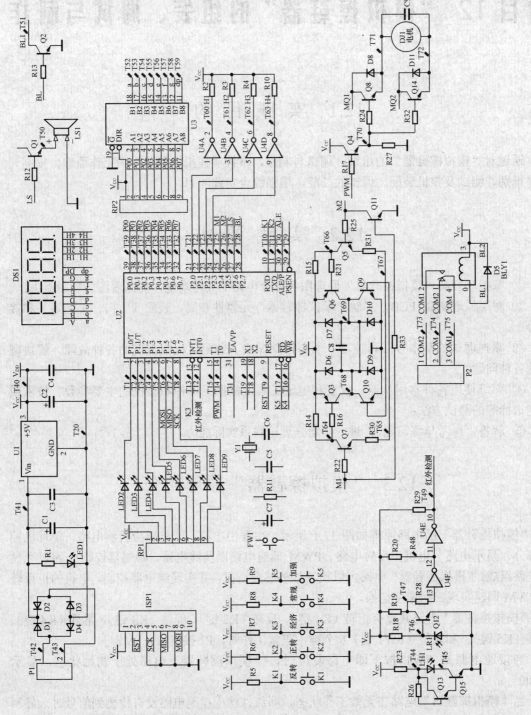

图 12.1 "模拟擦鞋器" 的电路原理图

当"模拟擦鞋器"有效工作时,即红外感应检测电路检测到信号时,显示"1111",此时,"模拟擦鞋器"电路状态由以下按键确定:

首先应按下按键 K3、K4、K5 中的一个按键以启动电机。

再按下按键 K1 或 K2 进行电机正反转的切换,按下按键 K3、K4、K5 实现电机的速度挡位的切换。按下 K1 键电机正转,数码管第一位显示"L",按下 K2 键电机反转,数码管第一位显示"H",按下按键 K3、K4、K5 电机转动,并且换不同的挡位,当按下按键 K3 数码管第四位显示"1",当按下按键 K4 数码管第四位显示"2",当按下按键 K5 数码管第四位显示"3"。

"模拟擦鞋器"的各模块工作原理如下:

"模拟擦鞋器"的电源电路、显示电路、单片机处理电路与前面章节相类似,在此不再赘述。

1. 按键电路及蜂鸣器、继电器驱动电路

按键电路及蜂鸣器、继电器驱动电路如图 12.2 所示,具体分析如下:

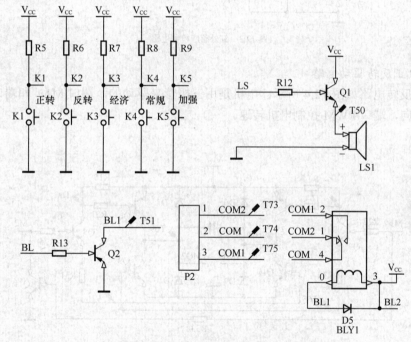

图 12.2 按键电路及蜂鸣器、继电器驱动电路

按键电路主要有上拉电阻和轻触按键组成,轻触按键未按下时由于电阻的上拉作用输给单片机为高电平,当按下轻触按键时,按键直接短接到地,输给单片机为低电平。

蜂鸣器电路用 NPN 三极管驱动,当单片机输出高电平时,三极管导通,蜂鸣器发声。

继电器电路 PNP 型三极管驱动,当单片机输出低电平时,三极管导通,蜂鸣器发声。二极管 D5 为续流二极管,由于电磁感应当继电器由闭合到断开时,继电器线圈两端会产生与供电电压相反的感应电动势,反向感应电动势通过续流二极管放电,从而保护驱动三极管。

2. 红外感应检测电路

红外感应检测电路如图 12.3 所示,其发射端的 Q13 和 Q15 组成达林顿管,由于 R26 的上拉作用,Q13 和 Q15 一直导通,红外发射管不断发射红外线信号。红外接收管接收红外发

射管发射的红外线，红外接收管的导通电阻较小，Q12 截止，T47 为高电平，经两个反相器取反后输给单片机高电平。当红外接收管接收不到红外线时，红外接收管电阻变大，Q12 导通，T47 为低电平，经两个反相器取反后输给单片机低电平，单片机检测到低电平进入相应的处理程序，进行相应的动作。

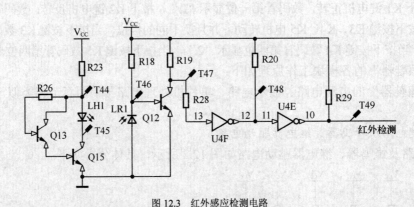

图 12.3 红外感应检测电路

3. 电机正反转驱动电路

电机正反转电路如图 12.4 所示，电机是用三极管来驱动的，端口 M1、和端口 M2 控制电机转动方向，端口 PWM 控制电机转速。

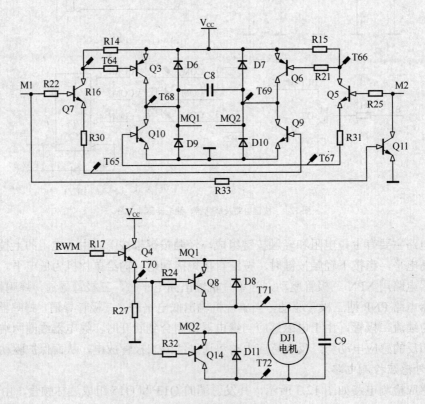

图 12.4 电机正反转电路

当 M1 为高电平，M2 为低电平时：三极管 Q7、Q11、Q3、Q9 导通，Q5、Q6、Q10 截止。若此时 PWM 为高电平，Q4、Q8、Q14 导通，电机主控电流方向为电源 $V_{CC} \rightarrow Q3 \rightarrow MQ1 \rightarrow Q8 \rightarrow DJ1$ 电机 $\rightarrow D11 \rightarrow MQ2 \rightarrow Q9 \rightarrow$ 电源地 GND，电机正转，电机速度受 PWM 信号的占空比控制。

当 M1 为低电平，M2 为高电平时：三极管 Q5、Q6、Q10 导通，Q7、Q11、Q3、Q9 截止。若此时 PWM 为高电平，Q4、Q8、Q14 导通。电机主控电流方向为电源 $V_{CC} \rightarrow Q6 \rightarrow MQ2 \rightarrow Q14 \rightarrow DJ1$ 电机 $\rightarrow D8 \rightarrow MQ1 \rightarrow Q10 \rightarrow$ 电源地 GND，电机为反转，电机速度受 PWM 信号的占空比控制。

电容 C9 为滤波电容主要是滤除电机旋转产生的高频干扰信号。二极管 D6、D7、D9、D10 为续流二极管，当电机转动时，由于电磁感应，电机线圈两端会产生与供电电压相反的感应电动势，反向感应电动势通过续流二极管放电，从而保护驱动三极管。

在实践过程中有任何需要和问题，可发邮件到 ychd2010@vip.163.com。

12.4 "模拟擦鞋器"的组装、调试与制作

根据"模拟擦鞋器"电路原理图及其套装元件清单、PCB 进行组装、调试与制作。

12.4.1 "模拟擦鞋器"元器件

"模拟擦鞋器"套装元件清单如表 12.1 所示。

表 12.1 "模拟擦鞋器"套装元件清单

序号	型号/参数	代号	封装	数量
1	继电器	BLY1	T73	1
2	470μF 电解电容	C1	CD0.1-0.290	1
3	100μF 电解电容	C2	CD0.1-0.220	1
4	0.1μF 瓷片电容	C3，C4，C8，C9	CC0.140	4
5	30pF 瓷片电容	C5，C6	CC0.140	2
6	10μF 电解电容	C7	CD0.1-0.180	1
7	1N4007 二极管	D1，D2，D3，D4，D5，D8，D11	DIODE0.315	7
8	1N4148 二极管	D6，D7，D9，D10	DIODE4148	4
9	直流电机	DJ1	CC0.200	1
10	四位数码管	DS1	LED0.364	1
11	轻触按键	FW1，K1，K2，K3，K4，K5	SW-0606	6
12	ISP 座	ISP1	IDC10L	1
13	发光二极管	LED1，LED2，LED3，LED4，LED5，LED6，LED7，LED8，LED9	LED#3	9
14	红外发射管	LH1	LED #5	1
15	红外接收管	LR1	LED #5	1

序号	型号/参数	代号	封装	数量
16	蜂鸣器	LS1	BELL	1
17	电源线	P1	CC0.220	2
18	连接导线			1
19	8050 三极管	Q1, Q4, Q8, Q9, Q10, Q11, Q14	TO92	7
20	8550 三极管	Q2, Q3, Q6	TO92	3
21	9014 三极管	Q5, Q7, Q12, Q13, Q15	TO92	5
22	10kΩ 电阻	R1, R2, R3, R4, R5, R6, R7, R8, R9, R10, R11, R14, R15, R17, R20, R26, R27, R29, R33	AXIAL0.35	19
23	4.7kΩ 电阻	R12, R22, R25, R28		4
24	360Ω 电阻	R13, R16, R21, R23, R24, R30, R31, R32	AXIAL0.35	8
25	68kΩ 电阻	R18, R19	AXIAL0.35	2
26	470Ω 排阻	RP1	SIP9	1
27	10kΩ 排阻	RP2	SIP9	1
28	LM7805	U1	TO-220-1	1
29	AT89s52	U2	DIP40	1
30	DIP14 集成块座			1
31	DIP20 集成块座			1
32	DIP40 集成块座			1
33	74LS245	U3	DIP20	1
34	74LS04	U4	DIP-14	1
35	11.0592M	Y1	XTAL1	1
36	热缩管	LR1		1

"模拟擦鞋器"主要元器件介绍如下：

1. AT89S52

见前面章节介绍。

2. 集成电路 74LS245

见前面章节介绍。

3. 集成电路 7406

见前面章节介绍。

12.4.2 "模拟擦鞋器"装配

"模拟擦鞋器"的 PCB 如图 12.5 所示，在 PCB 上安装元件时要确保插件位置、元器件极性正确。在实际装配过程中，建议根据电路原理图按单元电路装配，装配好一个单元电路调试好一个单元电路，既可以提高装配成功率，又有助于提高看图、识图、电路分析能力。

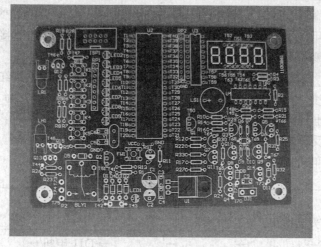

图 12.5 "模拟擦鞋器" PCB

组装、制作完毕实物如图 12.6 所示。

图 12.6 "模拟擦鞋器" 实物

若组装、制作完后出现故障或问题，应依据电路原理图对照 PCB 进行仔细检查和调试，解决可能碰到的各种问题。

12.5 思考与练习题

（1）接通电源，测量红外感应检测电路在下列情况下 Q12 的 C、E 间的电压。

① 感应到红外发射信号时，Q12 的 C、E 间的电压为_____；

② 未感应到红外发射信号时，Q12 的 C、E 间的电压为_____。

（2）红外感应检测电路中发射端 Q13 和 Q15 组成_____（NPN/PNP 型达林顿管），由于 R26 的上拉作用，Q13 和 Q15_____（导通/截止），红外接收管接收到红外信号时电阻_____（变大/变小），Q12_____（导通/截止），T47 为_____（高电平/低电平），最后输出到单片机_____（高电平/低电平）。当红外接收管接收不到红外线时，红外接收管电阻_____（变大/变小），Q12_____（导通/截止），T47 为_____（高电平/低电平），最后输出到单片机_____（高电平/低电平）。

（3）在电机正反转电路中

① 当 M1 为高电平，M2 为低电平时：

三极管_____、_____、_____、_____导通，_____、_____、_____、_____截止。

如此时 PWM 为高电平，_____、_____、_____、_____导通，电机主控电流方向为电源 VCC→_____→_____→_____→DJ1 电机→_____→_____→_____→电源地 GND，电机为正转。

② 当 M1 为低电平，M2 为高电平时：

三极管_____、_____、_____、_____导通，_____、_____、_____、_____截止。

如此时 PWM 为高电平，_____、_____、_____、_____导通，电机主控电流方向为电源 VCC→_____→_____→_____→DJ1 电机→_____→_____→_____→电源地 GND，电机为反转。

在电路中电容 C9 为_____（耦合/滤波/退耦）电容。二极管 D6、D7、D9、D10 为_____（保护/续流/限幅）二极管。

（4）当手放到红外对管中间时，记录 T47 的波形和频率；当依次按下 K3 键时，测试并记录测试点 T14 的波形、频率和占空比。

项目 13 "多功能安防狗"的
组装、调试与制作

13.1 实 践 目 的

通过对"多功能安防狗"的组装、调试与制作，掌握"多功能安防狗"的工作原理，提高元器件识别、测试及整机装配、调试的技能，增强综合实践能力。

13.2 实 践 要 求

① 掌握和理解"多功能安防狗"原理图各部分电路的具体功能，提高看图、识图能力；

② 对照原理图和 PCB，了解"多功能安防狗"元器件布局、装配（方向、工艺等）和接线等；

③ 掌握调试的基本方法和技巧；学会排除焊接、装配过程中出现的各种故障，解决碰到的各种问题；

④ 熟练使用各种常用仪器、仪表和电子工具，掌握元器件和整机的主要参数、技术或性能指标等的测试方法；

⑤ 解答"思考与练习题"，进一步增强理论联系实际能力。

13.3 "多功能安防狗"原理简介

"多功能安防狗"的电路原理如图 13.1 所示，主要由电源电路、烟雾检测电路、振动检测电路、热释红外检测电路、信号处理电路及报警电路组成。电源电路给各模块电路提供电源，信号处理电路对各检测电路检测到的信号进行处理，并控制报警电路发出报警声。通过按键 K1 可以选择哪些触发信号有效，并通过 LED1、LED2、LED3 指示。

各模块电路功能如下：

● 烟雾检测电路：检测到烟雾信号，电路输出高电平到单片机 STC11F01 的 P1.7。

● 振动检测电路：检测到振动信号，电路输出高电平到单片机 STC11F01 的 P1.4。

● 热释红外检测电路：在无光（光暗）的情况下：检测到人体移动信号，电路输出高电平到单片机 STC11F01 的 P3.7，在有光（光强）的情况下，检测到人体移动信号，电路输出低电平。

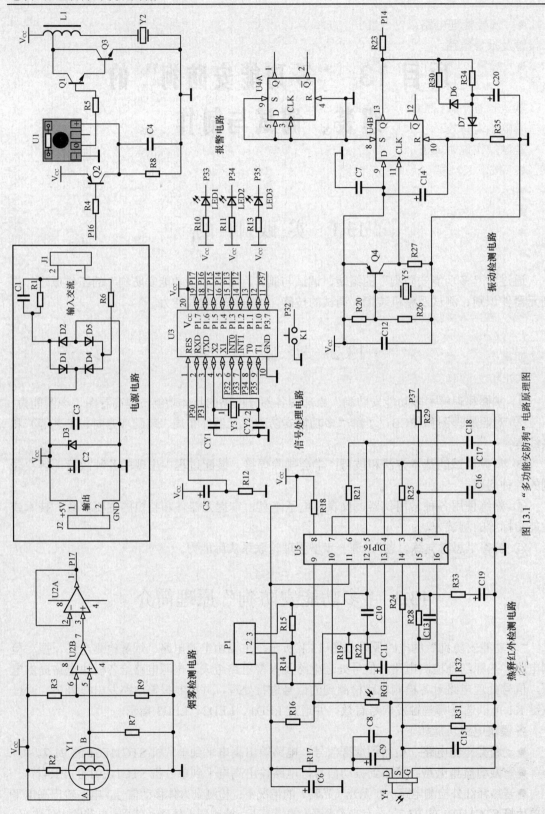

图 13.1 "多功能安防狗"电路原理图

● 信号处理电路：处理接收到的高电平信号、按键信号，并输出低电平信号控制发光二极管及报警电路。

● 报警电路：用音乐芯片产生报警声，并通过三脚电感驱动蜂鸣片发出高分贝的报警声。

默认状态下：LED1、LED2、LED3 指示灯亮，烟雾检测电路、振动检测电路、热释红外检测电路均有效。

键盘操作说明如下：

● 按下 K1 键：LED1 指示灯亮，烟雾检测电路有效；

● 再次按下 K1 键：LED1 指示灯亮，烟雾检测电路有效；

● 再次按下 K1 键：LED2 指示灯亮，振动检测电路有效；

● 再次按下 K1 键：LED3 指示灯亮，热释红外检测电路有效；

● 再次按下 K1 键：LED1、LED2、LED3 指示灯亮，烟雾检测电路、振动检测电路、热释红外检测电路都有效，如此循环往复。

"多功能安防狗"的各模块工作原理如下：

"多功能安防狗"的电源电路与前面章节相类似，在此不再赘述。

1. 烟雾检测电路

烟雾检测电路如图 13.2 所示，若烟雾传感器 Y1 未检测到烟雾及其他气体时，传感器电阻较大，传感器电阻和电阻 R7 串联，R7 两端电压较小，运放 U2 的 5 脚电压比 6 脚的参考电压低，比较器 U2B 输出为低电平，经过 U2A 跟随器，输出给单片机低电平；若烟雾传感器 Y1 检测到烟雾，传感器阻值变小，R7 两端电压变大，运放 U2 的 5 脚电压升高，且比 6 脚电压高，比较器输出高电平，经过 U2A 跟随器，输出给单片机高电平。

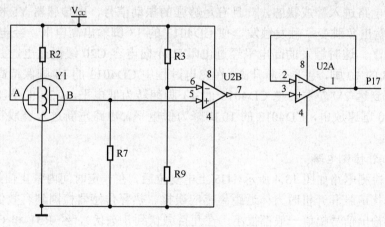

图 13.2 烟雾检测电路

2. 振动检测电路

振动检测电路如图 13.3 所示，该电路使用一只廉价压电蜂鸣器 Y5 作为传感器。这种蜂鸣器具有双向压电效应：当在其两端加上电压时，它的压电陶瓷材料会产生机械变形而发出振动声音；反之，当它受到机械振动声音时，在其两端就会产生相应的输出电压。这里利用后一种特性，使它起到振动式传感器的作用。报警发声则是用前一种特性。

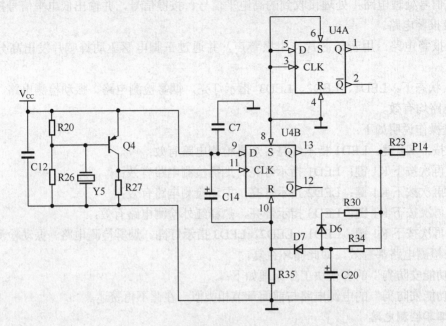

图 13.3　振动检测电路

在图 13.3 中，压电传感器 Y5 产生的电压由晶体管 Q4 等组成的第一级放大器放大约 200 倍，R20、R26 起到为 Q4 提供偏置电压的作用，不触发时，Q4 的集电极电压为高电平。接通电源，由于电容 C14 两端电压不能突变，CD4013 的 10 脚为高电平，并经电阻 R35 缓慢充电，达到开机延时输出信号的目的。当电容充电到 10 脚电平降低为 3.6V 左右时，振动检测电路进入警戒状态，一旦有足够强的振动信号，由传感器 Y5 检测到，并经过 Q4 放大，输出负跳变，触发触发器使 CD4013 的 13 脚输出高电平，经电阻 R23 输出给单片机高电平。这时触发的高电平经过电阻 R34 向电容 C20 缓慢充电，并经过二极管 D7 到 CD4013 的 10 脚，电平不断升高（在充电过程中 CD4013 的 13 脚保持高电平不变），直到充电电压到达 2V 左右，使 CD4013 的 13 脚翻转为低电平，C20 的电压通过二极管 D6 和电阻 R30 迅速放电，CD4013 的 10 脚降为低电平，电路重新进入警戒状态，接收下一次触发。

3. 热释红外检测电路

热释红外检测电路如图 13.4 所示，U5 上电复位后，在一定时间内禁止信号触发，这样为防止开机干扰信号和开机时人体近距离感应误报。热释传感器检测到有效信号（热释电红外传感器的输出信号幅值一般都很小，在几百微伏到几毫伏），经 R31 和 C15 组成的低通滤波器把信号传输到 U5（BISS0001）的 14 脚，经过一级运算放大后由 U5 的 16 脚输出，信号再经过电容 C11 耦合进入 U5 的 13 脚进行第二级放大，再经电压比较器构成的双向鉴幅器处理后，检出有效触发信号 VS 去启动延迟时间定时器，输出信号 VO 经电阻 R29 输出到单片机。

图 13.4 中，RG1 为光敏电阻，用来检测环境照度。若环境较明亮，RG1 的电阻值会降低，使 9 脚的输入保持为低电平，从而封锁触发信号 VS。

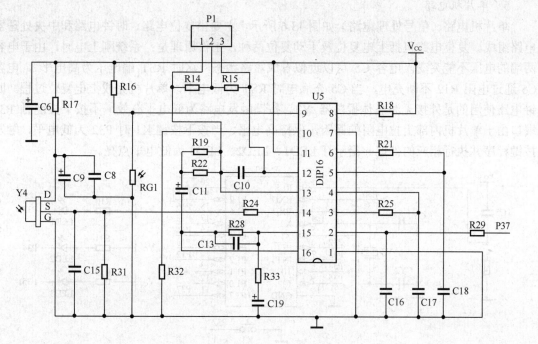

图 13.4　热释红外检测电路

电阻 R28 可以调节放大器增益的大小；P1 为灵敏度调节端子，其 1 脚和 2 脚短接灵敏度高，2 脚和 3 脚短接灵敏度低。

输出延迟时间 TX 由外接 R25 和 C17 的大小调整；触发封锁时间 Ti 由外接的 R21 和 C18 的大小调整。

4. 报警电路

报警电路如图 13.5 所示，若单片机 P1.6 给 Q2 基极低电平，Q2 导通，音乐芯片 U1（C002）得电，产生音频信号，该音频信号经过三极管 Q1 和 Q3 组成的达林顿管和三脚升压电感驱动蜂鸣片发出高分贝的报警声。

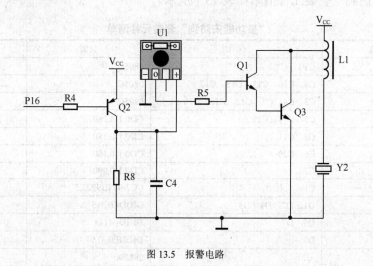

图 13.5　报警电路

5. 单片机电路

单片机电路（信号处理电路）如图 13.6 所示，主要由复位电路、时钟电路和中央处理器电路组成。复位电路包括上电复位及手动复位两种，工作原理是：系统刚上电时，由于电容两端的电压不能突变，电容 C5 可以近似看成短路状态，这时 RST 端电压为高电平，电容 C5 通过电阻 R12 不断充电，当 C5 充满电时 RST 为低电平，单片机完成上电复位过程。时钟电路使用的是外接无源晶体振荡器 Y3。按键触发电路为低电平有效，不按下按键时 P32 端口由于单片机内部上拉电阻的原因，保持高电平，当按下按键 K1 时 P32 为低电平，触发按键程序并执行相应的处理。指示灯 LED1、LED2、LED3 为低电平点亮。

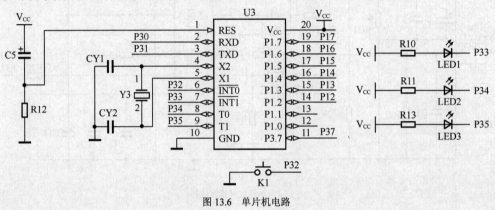

图 13.6　单片机电路

在实践过程中有任何需要和问题，可发邮件到 ychd2010@vip.163.com。

13.4　"多功能安防狗"的组装、调试与制作

根据"多功能安防狗"电路原理图及其套装元件清单、PCB 进行组装、调试与制作。

13.4.1　"多功能安防狗"元器件

"多功能安防狗"套装元件清单如表 13.1 所示。

表 13.1 **"多功能安防狗"套装元件清单**

型号/参数	代号	封装	数量
30pF	CY1，CY2	0805C	2
0.01μF	C8，C10，C13，C15，C17	0805C	5
0.1μF	C3，C4，C7，C12，C16，C18	0805C	6
10μF	C5，C14，C19	CD0.1-0.180	3
22μF	C9，C11	CD0.1-0.180	2
47μF	C6，C20	CD0.1-0.180	2
220μF	C2	CD0.1-0.290	1
105/400V 电容	C1	CC2-474B9P22.5	1
1N4007	D1，D2，D4，D5	DIODE0.315	4
1N4148	D6，D7	DIODE4148	2
5.1V/1W 稳压管	D3	DIODE0.315	1
导线	J2	20MM	1

型号/参数	代号	封装	数量
轻触按键	K1	SW2L	1
三脚电感	L1	L3	1
发光二极管	LED1，LED2，LED3	LED#3	3
3 脚插针	P1	HDR1X3	1
9014	Q1	TO92	1
9015	Q2，Q4	TO92	2
8050	Q3	TO92	1
1MΩ	R1，R15，R32	0805R	3
10Ω	R2	0805R	1
1kΩ	R5，R7	0805R	2
4.7 kΩ	R4，R10，R11，R13	0805R	4
100Ω/1W	R6	AXIAL0.6	1
10kΩ	R8，R12，R16，R30	0805R	4
470kΩ	R14	0805R	1
22kΩ	R17，R22，R24，R33	0805R	4
220kΩ	R18	0805R	1
220kΩ	R19	0805R	1
2MΩ	R21，R28	0805R	2
470Ω	R23	0805R	1
68kΩ	R25	0805R	1
47Ω	R29	0805R	1
47kΩ	R31	0805R	1
330kΩ	R34	0805R	1
1.5MΩ	R35	0805R	1
光敏电阻	RG1	CC0.100	1
C002 音乐芯片	U1	C002	1
LM358（带座）	U2	DIP8	1
STC11F01（带座）	U3	DIP20	1
CD4013（带座）	U4	DIP14	1
BISS0001（带座）	U5	DIP16	1
烟雾传感器（带座）	Y1	QMCGQ	1
27mm 蜂鸣片	Y2	CC0.200	1
12MHz 晶体振荡器	Y3	XTAL1	1
热释传感器	Y4	TO-5	1
15mm 蜂鸣片	Y5	C002C	1
多余件及选配件			若干

"多功能安防狗"主要元器件介绍如下：

1. 集成电路 CD4013（HEF4013BP）

CD4013（HEF4013BP）是双 D 触发器，其管脚图及功能表如图 13.7 所示。

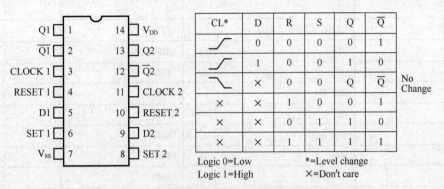

CL*	D	R	S	Q	$\overline{Q}$	
↑	0	0	0	0	1	
↑	1	0	0	1	0	
↓	×	0	0	Q	$\overline{Q}$	No Change
×	×	1	0	0	1	
×	×	0	1	1	0	
×	×	1	1	1	1	

Logic 0=Low   *=Level change
Logic 1=High   ×=Don't care

图 13.7　CD4013（HEF4013BP）管脚图及功能表

2. 集成电路 LM358

LM358 管脚图如图 13.8 所示，其直流电压增益约为 100dB；单电源供电为 3～30V，双电源为±1.5～±15V。

3. 单片机 STC11F01

STC11F01 引脚如图 13.9 所示，其引脚功能说明如下：

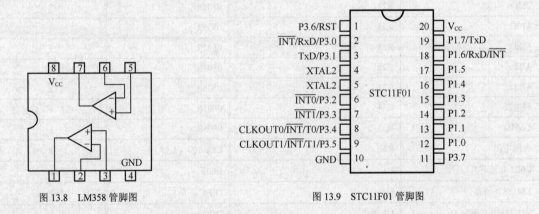

图 13.8　LM358 管脚图

图 13.9　STC11F01 管脚图

● RST（1 脚）：强制复位端；RXD（2 脚）：串行输入口；TXD（3 脚）：串行输出口；

● XTAL1、XTAL2（5、4 脚）：时钟电路引脚；$\overline{INT0}$、$\overline{INT1}$（6、7 脚）：外部中断输入口；

● T0、T1（8、9 脚）：定时/计数口；GND（10 脚）：接地端；P1.0～P1.7（12～19 脚）：输入输出端口；

● V_{CC}（20 脚）：电源端＋5V。

4. 压电陶瓷蜂鸣片

见前面章节介绍。

5. 热释传感器

见前面章节介绍。

6. 音乐芯片

见前面章节介绍。

7. 集成电路 BISS0001

BISS0001 是一款高性能的传感信号处理集成电路，若配以热释红外传感器和少量外围元器件就能构成被动式热释红外开关。BISS0001 的管脚图如图 13.10 所示，其管脚说明如表 13.2 所示。

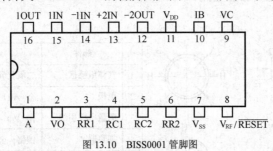

图 13.10　BISS0001 管脚图

表 13.2　　　　　　　　　　　　　　　　　　**BISS0001 管脚说明**

引脚	名称	I/O	功能说明
1	A	I	可重复触发和不可重复触发选择端。当 A 为"1"时，允许重复触发；反之，不可重复触发
2	VO	O	控制信号输出端。由 VS 的上跳变沿触发，使 VO 输出从低电平跳变到高电平时视为有效触发。在输出延迟时间 Tx 之外和无 VS 的上跳变时，VO 保持低电平状态
3	RR1	--	输出延迟时间 Tx 的调节端
4	RC1	--	输出延迟时间 Tx 的调节端
5	RC2	--	触发封锁时间 Ti 的调节端
6	RR2	--	触发封锁时间 Ti 的调节端
7	VSS	--	工作电源负端
8	V_{RF}	I	参考电压及复位输入端。通常接 V_{DD}，当接"0"时可使定时器复位
9	VC	I	触发禁止端。当 $VC<VR$ 时禁止触发；当 $VC>VR$ 时允许触发（$VR≈0.2V_{DD}$）
10	IB	--	运算放大器偏置电流设置端
11	V_{DD}	--	工作电源正端
12	2OUT	O	第二级运算放大器的输出端
13	2IN-	I	第二级运算放大器的反相输入端
14	1IN+	I	第一级运算放大器的同相输入端
15	1IN-	I	第一级运算放大器的反相输入端
16	1OUT	O	第一级运算放大器的输出端

8. MQ-2 气体传感器

MQ-2 气体传感器所使用的气敏材料是在清洁空气中电导率较低的二氧化锡（SnO_2）。当传感器所处环境中存在烟雾、可燃气体时，传感器的电导率随空气中烟雾、可燃气体浓度的增加而增大。使用简单的电路即可将电导率的变化转换为与该气体浓度相对应的输出信号。MQ-2 气体传感器对液化气、丙烷、氢气的灵敏度高，对天然气和其他可燃气体、烟雾的检测也很理想。这种传感器可检测多种可燃性气体，是一款适合多种应用的低成本传感器。

MQ-2/MQ-2S 气敏元件的结构和外形如图 13.11 所示（结构 A 或 B），由微型 Al_2O_3 陶瓷管、SnO_2 敏感层、测量电极和加热器构成的敏感元件固定在塑料或不锈钢制成的腔体内，加热器为气敏元件提供了必要的工作条件。封装好的气敏元件有 6 只针状管脚，其中 4 个用于信号取出，2 个用于提供加热电流。

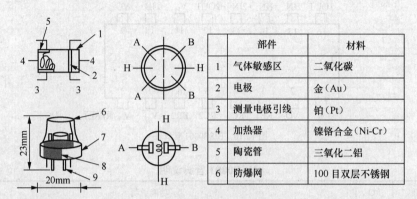

部件		材料
1	气体敏感区	二氧化碳
2	电极	金（Au）
3	测量电极引线	铂（Pt）
4	加热器	镍铬合金（Ni-Cr）
5	陶瓷管	三氧化二铝
6	防爆网	100 目双层不锈钢

图 13.11　MQ-2/MQ-2S 气敏元件的结构和外形

MQ-2 气体传感器的灵敏度特性曲线如图 13.12 所示，图中纵坐标为传感器的电阻比（Rs/Ro），横坐标为气体浓度。Rs 表示传感器在不同浓度气体中的电阻值；Ro 表示传感器在 1000ppm 氢气中的电阻值。

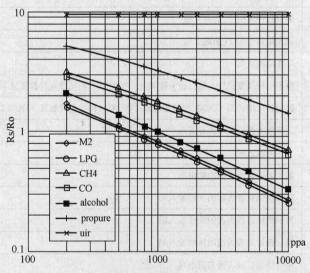

图 13.12　MQ-2 气体传感器的灵敏度特性曲线

MQ-2 气体传感器的温度、湿度特性曲线如图 13.13 所示，图中纵坐标是传感器的电阻比（Rs/Ro）。Rs 表示在含 1000ppm 丙烷、不同温/湿度下传感器的电阻值；Ro 表示在含 1000ppm 丙烷、20℃/65%RH 环境条件下传感器的电阻值。

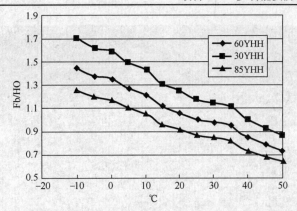

图 13.13 MQ-2 气体传感器的温度、湿度特性曲线

MQ-2 气体传感器的基本测试电路如图 13.14 所示，该传感器需要施加 2 个电压：加热器电压（VH）和测试电压（VC）。其中 VH 用于为传感器提供特定的工作温度。VC 则是用于测定与传感器串联的负载电阻（RL）上的电压（VRL）。这种传感器具有轻微的极性，VC 需用直流电源。在满足传感器电性能要求的前提下，VC 和 VH 可以共用同一个电源电路。为更好利用传感器的性能，需要选择恰当的 RL 值。

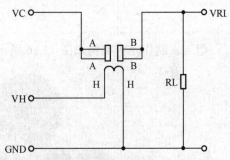

图 13.14 MQ-2 气体传感器的基本测试电路

敏感体功耗（Ps）值可按 $Ps = Vc^2 \times Rs / (Rs + R_L)^2$ 来计算；传感器电阻（Rs），可按 $Rs = (Vc/V_{RL} - 1) \times R_L$ 来计算。

13.4.2 "多功能安防狗"装配

"多功能安防狗"的 PCB 如图 13.15 所示，在 PCB 上安装元件时要确保插件位置、元器件极性正确。在实际装配过程中，建议根据电路原理图按单元电路装配，装配好一个单元电路调试好一个单元电路，既可以提高装配成功率，又有助于提高看图、识图、电路分析能力。

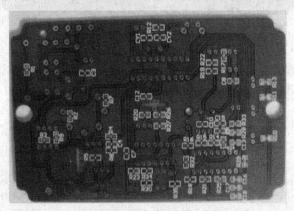

图 13.15 "多功能安防狗" PCB

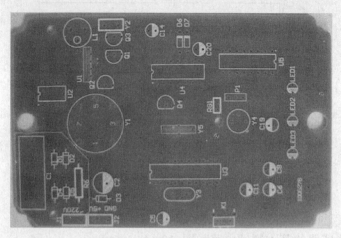

图 13.15 "多功能安防狗" PCB（续）

组装、制作完毕实物如图 13.16 所示。

图 13.16 "多功能安防狗" 实物

若组装、制作完后出现故障或问题，应依据电路原理图对照 PCB 进行仔细检查和调试，解决可能碰到的各种问题。

13.5　思考与练习题

（1）"多功能安防狗" 的电源电路的供电是经_____降压后获得，在电容器 C1 两端并联 R1 的作用是_____。D1、D2、D4、D5 组成了_____整流电路。

（2）在振动检测电路中，调试电路，选择合适的器件并焊接到电路中，使振动检测电路的灵敏度较低，报警电路工作时不触发振动检测电路。Y5 是振动传感器，振动信号检测是用_____放大电路，振动检测电路的开机延时是由电容_____和电阻_____组成，驱动报警延时时间长短由电容_____和电阻_____决定。

（3）在烟雾检测电路中 R2 在电路中起_____作用；U2A 和其他阻容元件组成了_____（反向放大器/同向放大器/比较器/积分器/微分器/跟随器/低通滤波器/带通滤波器/高通滤波器）；U2B 和其他阻容元件组成了_____（反向放大器/同向放大器/比较器/积分器/微分器/跟随器/低通滤波器/带通滤波器/高通滤波器）；调试电路，选择合适的器件并焊接到电路中，并测试芯片 U2 的 6 脚电压为_____V。

（4）在热释红外检测电路中光敏电阻 RG1 和电阻 R16 组成_____电路，在有光时 U5 的 9 脚为_____（高/低）电平，在无光时 U5 的 9 脚为_____（高/低）电平，从而控制该电路在有光时触发_____（有效/无效），在无光时触发_____（有效/无效）；电容 C8 和 C9 在该电路中起_____作用。

（5）在报警电路中 Q1、Q3 组成_____（NPN/PNP）型达林顿管，在电路中三角（脚）电感起_____作用。

（6）选择合适的电阻值并焊接到电路中

元件序号/名称	电阻值	元件序号/名称	电阻值
R9		R26	
R20		R27	

项目14 "酒精测试仪"的
组装、调试与制作

14.1 实 践 目 的

通过对"酒精测试仪"的组装、调试与制作，掌握"酒精测试仪"的工作原理，提高元器件识别、测试及整机装配、调试的技能，增强综合实践能力。

14.2 实 践 要 求

① 掌握和理解"酒精测试仪"原理图各部分电路的具体功能，提高看图、识图能力；

② 对照原理图和 PCB，了解"酒精测试仪"元器件布局、装配（方向、工艺等）和接线等；

③ 掌握调试的基本方法和技巧；学会排除焊接、装配过程中出现的各种故障，解决碰到的各种问题；

④ 熟练使用各种常用仪器、仪表和电子工具，掌握元器件和整机的主要参数、技术或性能指标等的测试方法；

⑤ 解答"思考与练习题"，进一步增强理论联系实际能力。

14.3 "酒精测试仪"原理简介

"酒精测试仪"的电路原理如图 14.1 所示，主要由 STC89C52 单片机，酒精浓度检测电路、ADC0809 A/D 转换器、数码显示电路、键盘和电源电路组成。酒精浓度信号经过酒精检测电路转化为模拟电压信号传输到 A/D 转换器转化为数字信号，再传输到单片机进行处理：根据酒精浓度的不同和按键指令控制浓度显示和其他相应动作。

"酒精测试仪"用数码管显示酒精浓度，显示模式为：高三位显示浓度值，第四位显示 C。当浓度高于 50 度时，蜂鸣器发声 5 秒钟，LED2 闪烁；当浓度高于 80 度时，蜂鸣器发声 5 秒钟，LED2 和 LED3 同时闪烁。

"酒精测试仪"的按键定义如下：

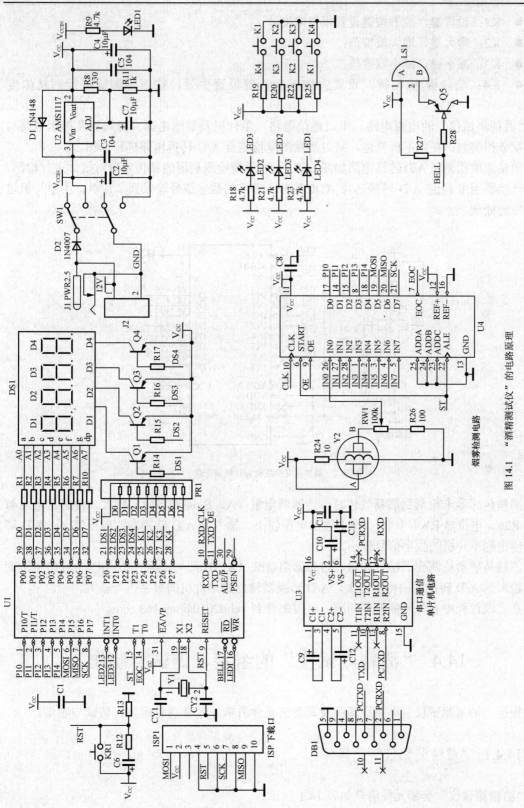

图 14.1 "酒精测试仪"的电路原理

● K1：设置键，按下按键设置报警浓度；

● K2：增大键，增大报警值；

● K3：减小键，减小报警值；

● K4：确认键/检测键，设置完按下确认键设置生效，按下检测键进行酒精浓度检测。

"酒精测试仪"的电源电路、串口通信电路、单片机及显示电路、蜂鸣器及指示电路与前面章节相类似，在此不再赘述，只对酒精浓度检测及 A/D 转换电路进行介绍。

酒精浓度检测及 A/D 转换电路如图 14.2 所示，酒精检测利用酒精传感器对气体进行检测，模数转换器用 8 位的 A/D 转换芯片 ADC0809，转化的数字信号输入到单片机，由单片机进行相应的处理。

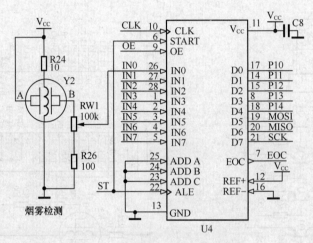

图 14.2　酒精浓度检测及 A/D 转换电路

酒精传感器未检测到酒精气体时，传感器电阻（A、B 间的电阻）较大，传感器电阻与电阻 R26、电位器 RW1 串联，RW1 输出电压较小，输入到 A/D 转换器的电压值小，A/D 转换器输出到单片机的数字信号较小。

酒精传感器检测到酒精气体时，传感器阻值变（A、B 间的电阻）小，RW1 输出电压变大，输入到 A/D 转换器的电压值大，A/D 转换器输出到单片机的数字信号较大。

在实践过程中有任何需要和问题，可发邮件到 ychd2010@vip.163.com。

14.4　"酒精测试仪"的组装、调试与制作

根据"酒精测试仪"电路原理图及其套装元件清单、PCB 进行组装、调试与制作。

14.4.1　"酒精测试仪"元器件

"酒精测试仪"套装元件清单如表 14.1 所示。

表 14.1				
		"酒精测试仪"套装元件清单		
参数/型号	代号		封装	数量
0.1μF 贴片	C1，C3，C5，C8，C11		0805C	5
10μF	C2，C4，C6，C7		CD0.1-0.180	4
1μF 贴片（颜色深比较厚）	C9，C10，C12，C13		0805C	4
30pF 贴片	CY1，CY2		0805C	2
1N4148	D1		DIODE4148	1
1N4007	D2		DIODE0.315	1
串口座	DB1		DSUB1.385-2H9	1
四位数码管	DS1		LED0.364	1
10 脚简牛座	ISP1		IDC10L	1
DC 电源座	J1		POWER-3A	1
轻触按键	K1，K2，K3，K4，KR1		SW-0606	5
发光二极管	LED1，LED2，LED3，LED4		LED#3	4
有源蜂鸣器	LS1		BELL	1
10k 排阻	PR1		IDCD9	1
8550	Q1，Q2，Q3，Q4，Q5		TO92	5
510Ω 贴片	R1，R2，R3，R4，R5，R6，R7，R10		0805R	8
330Ω 贴片	R8		0805R	1
4.7kΩ 贴片	R9，R18，R21，R23，R28		0805R	5
1kΩ 贴片	R11		0805R	1
200Ω 贴片	R12		0805R	1
10kΩ 贴片	R13，R14，R15，R16，R17，R19，R20，R22，R25，R27		0805R	10
10Ω 贴片	R24		0805R	1
100Ω 贴片	R26		0805R	1
100kΩ 电位器	RW1		VR-1	1
自锁按键	SW1		K_DIP6	1
AT89S52/STC 90C52（带座）	U1		ZIF40 -1	1
AMS1117	U2		SOT-223	1
MAX232CPE	U3		SO-16	1
ADC0809（带座）	U4		DIP28	1
12MHz	Y1		XTAL1	1
酒精传感器	Y2		QMCGQ	1

"酒精测试仪"主要元器件介绍如下：

1. 酒精传感器

酒精传感器所使用的气敏材料是在清洁空气中电导率较低的二氧化锡（SnO_2）。当传感器所处环境中存在酒精气体时，传感器的电导率随空气中酒精浓度的增加而增大。使用简单的电路即可将电导率的变化转换为与该气体浓度相对应的输出信号。其外形结构如图 14.3 所示。

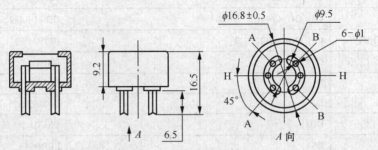

图 14.3　酒精传感器外形结构

2. 集成电路 ADC0809

见前面章节介绍。

3. 集成电路 MAX232CPE

见前面章节介绍。

4. 单片机 STC90C52RC

见前面章节介绍。

14.4.2　"酒精测试仪"装配

"酒精测试仪"的 PCB 如图 14.4 所示，在 PCB 上安装元件时要确保插件位置、元器件极性正确。在实际装配过程中，建议根据电路原理图按单元电路装配，装配好一个单元电路调试好一个单元电路，既可以提高装配成功率，又有助于提高看图、识图、电路分析能力。

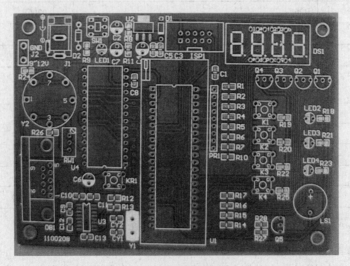

图 14.4　"酒精测试仪" PCB

组装、制作完毕实物如图 14.5 所示。

图 14.5 "酒精测试仪" 实物

若组装、制作完后出现故障或问题，应依据电路原理图对照 PCB 进行仔细检查和调试，解决可能碰到的各种问题。

14.5 思考与练习题

（1）在发声电路中 Q5 工作在_____（放大区/开关区）。

（2）在显示电路中排阻 PR1 在电路中起_____作用。

（3）在单片机电路中 C6、R12、R13、KR1 在电路中起_____作用。

（4）在酒精检测电路中，R24 在电路中起_____作用。电位器 RW1 在电路中起_____作用。

（5）在显示电路中，R1～R7 在电路中起_____作用；三极管 Q1～Q4 在电路中起_____作用。

（6）在电源电路中，二极管 D1 在电路中起_____作用。

（7）通电，记录 U4 的 10 脚的波形和频率。

项目15 "无线密码门铃"的组装、调试与制作

15.1 实 践 目 的

通过对"无线密码门铃"的组装、调试与制作,掌握"无线密码门铃"的工作原理,提高元器件识别、测试及整机装配、调试的技能,增强综合实践能力。

15.2 实 践 要 求

1. 掌握和理解"无线密码门铃"原理图各部分电路的具体功能,提高看图、识图能力;

2. 对照原理图和 PCB,了解"无线密码门铃"元器件布局、装配(方向、工艺等)和接线等;

3. 掌握调试的基本方法和技巧;学会排除焊接、装配过程中出现的各种故障,解决碰到的各种问题;

4. 熟练使用各种常用仪器、仪表和电子工具,掌握元器件和整机的主要参数、技术或性能指标等的测试方法;

5. 解答"思考与练习题",进一步增强理论联系实际能力。

15.3 "无线密码门铃"原理简介

"无线密码门铃"的原理框图如图 15.1 所示,其电路原理分别如图 15.2(a)、图 15.2(b)所示。"无线密码门铃"主要由无线发射电路、无线接收电路、单片机控制、显示电路、指示电路、蜂鸣电路等组成。

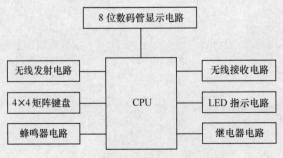

图 15.1 "无线密码门铃"的原理框图

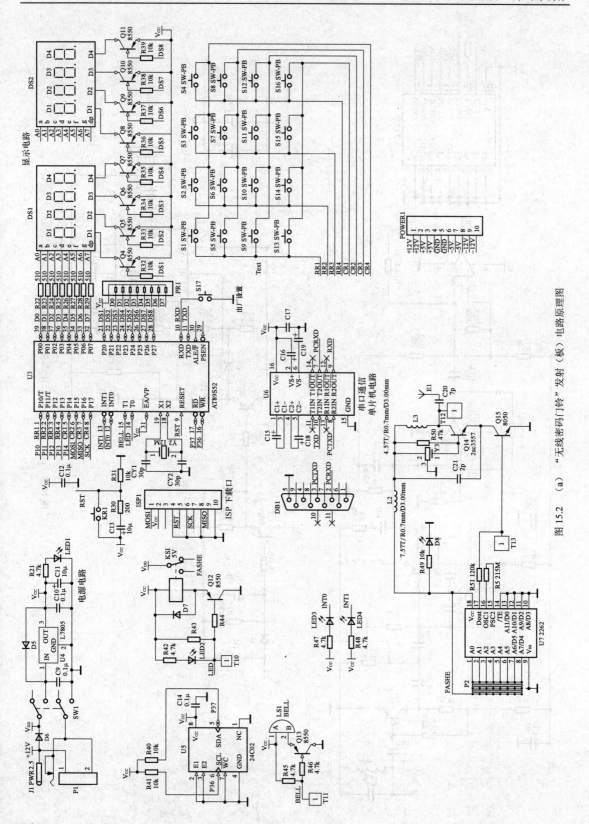

图 15.2 (a) "无线密码门铃"发射（板）电路原理图

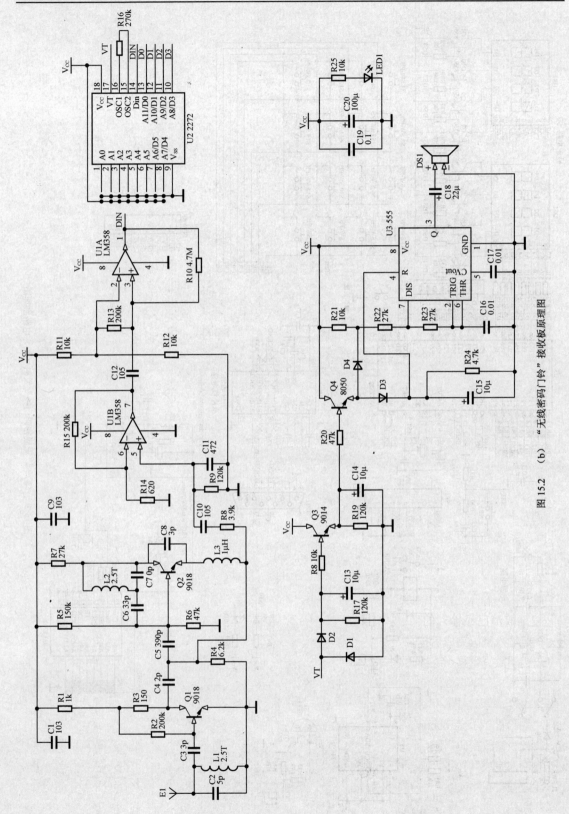

图 15.2 （b） "无线密码门铃"接收板原理图

编码和解码芯片分别采用 PT2262 和 PT2272-M4，发射和接收地址编码设置必须完全一致才能配对使用。无线发射电路将编码后的地址码、数据码、同步码随同 315MHz 无线载波一起发射出去；接收电路接收到有效信号，经过解码、处理后变成所需的电信号（当接收到发送过来的信号时，解码芯片 PT2272 的 VT 脚输出一个正脉冲，与此同时，相应的数据管脚输出高电平），通过单片机控制各单元电路的工作状态。

"无线密码门铃"的键盘布局如图 15.3 所示，图 15.3（a）是各键盘在 PCB 上的位置，图 15.3（b）是与图 15.3（a）相对应的各键盘的定义。

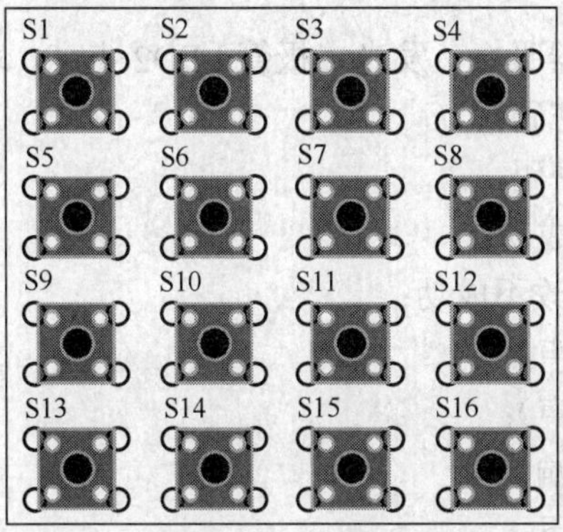

7	8	9	开锁
4	5	6	修改密码
1	2	3	恢复出厂设置
0	置零	←	确认

（a）键盘在 PCB 上的位置　　　　　　　　　　（b）各键盘的定义

图 15.3　键盘布局

"无线密码门铃"系统的说明如下：

● 系统默认显示为高两位显示 PP，其余六位全灭。

● LED3 以 1s 的时间间隔闪烁，为"无线密码门铃"指示灯。

● LED4 当每一次按键按下时闪亮一下，为"无线密码门铃"的按键状态提示灯。

● S17 为"主人强制开门开关"独立按键，主人无需输入密码的情况下，能强制开门的按键。

● 系统初始化密码为 012345；密码可修改，断电后密码不丢失，如主人忘记密码，可恢复出厂设置。恢复方法：未上电时，按住恢复出厂设置键，在按键不放的情况下给系统上电，经几毫秒的时间密码将被恢复为 012345。

● 密码输入过程中如密码输入错误，按"←"按键取消最近输入的一位密码，按"置零"按键取消已经输入的所有密码，即重新输入密码。

● 输入密码完成后按"确认"按键，即密码比较，如密码正确数码管显示 AAAAAAAA，如密码错误数码管显示连续的密码错误次数，如第一次错误显示 11111111（蜂鸣器响两声报警），连续两次错误显示 22222222（蜂鸣器响两声报警），连续三次错误显示 FFFFFFFF（蜂鸣器将一直报警），禁止密码输入，系统进入死循环，只有断电重启才能解除。如密码正确按"开锁"键——开锁，数码管显示全 bbbbbbbb（蜂鸣器响一声，同时继电器吸合，LED 点亮，表示锁开）；如密码正确按"修改密码"键——修改密码，数码管高两位显示 1C（修改密码，第一次输入新密码），第一次输入完成并按下"确认"按键后，数码管显示 2C（修改密码，第二次输入新密码），第二次输入完成并按下"确认"按键后，如两次输入的新密码一致，数码管显示 dddddddd，即密码修改成功，如两次输入的新密码不一致数码管显示 EEEEEEEE，即密码修改不成功。

发光二极管的功能说明如下:

- LED1: 电源指示灯;
- LED2: 开门提示灯;
- LED3: "无线密码门铃"指示灯, 以 1s 的时间间隔闪烁;
- LED3: 按键状态提示灯。

数码管、蜂鸣器的功能说明如下:

- 高两位 PP: 初始化, 默认显示;
- 全 a: 密码正确;
- 全 b: 开锁(蜂鸣器响一声, 同时继电器吸合, 发光二极管 LED2 点亮, 表示锁开);
- 高两位 1C: 修改密码, 第一次输入新密码;
- 高两位 2C: 修改密码, 第二次输入新密码;
- 全 d: 两次修改密码一致, 即密码修改成功;
- 全 E: 两次修改密码不一致, 即密码修改不成功;
- 全 1: 连续一次密码错误(蜂鸣器响两声);
- 全 2: 连续两次密码错误(蜂鸣器响两声);
- 全 F: 连续三次密码错误(蜂鸣器一直响)。

"无线密码门铃"的各部分电路工作原理如下:

"无线密码门铃"的电源电路、串口通信电路、键盘电路、单片机电路等与前面章节相类似, 在此不再赘述。

1. 状态指示、蜂鸣器、继电器及 I^2C 存储电路

状态指示、蜂鸣器、继电器及 I^2C 存储电路如图 15.4 所示。

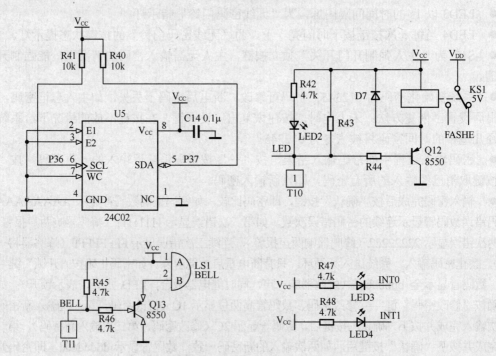

图 15.4　状态指示、蜂鸣器、继电器及 I^2C 存储电路

状态指示电路由限流电阻 R47、R48 和发光二极管 LED3、LED4 组成，当单片机控制端为低电平时发光二极管亮。

蜂鸣器用 PNP 型三极管驱动，当单片机输出低电平时，三极管导通，蜂鸣器发声。

继电器用 PNP 型三极管驱动，当单片机输出低电平时，三极管导通，继电器吸合。二极管 D7 为续流二极管。

I^2C 存储电路主要由 24C02 及电阻 R41 和 R42 组成，C14 为退耦电容。

2. 无线发射电路

无线发射电路如图 15.5 所示，主要由编码芯片 PT2262 和高频发射部分组成，PT2262 为专用数字编码芯片，最多可有 12 位（A0～A11）三态地址端管脚（悬空、接高电平、接低电平），任意组合可提供 531441 种地址码。编码芯片 PT2262 发出的编码信号由地址码、数据码、同步码组成一个完整的码字，驱动高频部分把信号发射出去，发射方式为 ASK 方式。高频部分主要由分立元件组成，其中 Q15 为开关三极管，Q14 为高频振荡三极管，Y3 为声表面滤波器，主要起高频滤波的作用。

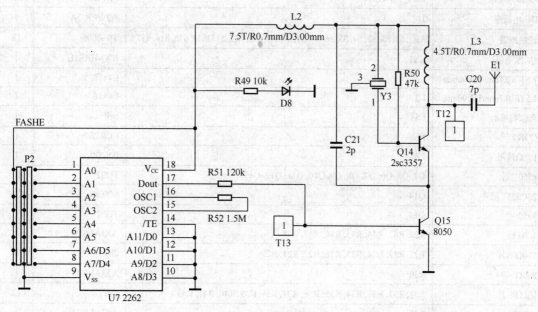

图 15.5　无线发射电路

在实践过程中有任何需要和问题，可发邮件到 ychd2010@vip.163.com。

15.4　"无线密码门铃"的组装、调试与制作

根据"无线密码门铃"电路原理图及其套装元件清单、PCB 进行组装、调试与制作。

15.4.1　"无线密码门铃"元器件

"无线密码门铃"套装元件清单分别如表 15.1、表 15.2 所示。

表 15.1　　　　　　　　　　"无线密码门铃"发射板套装元件清单

型号/参数	代号	封装	数量
0.1μF	C9, C10, C12 ,C14 ,C17,	RC_C0805	5
10μF	C11, C13	CD0.1-0.180	2
4.7μF	C15, C16, C18, C19	CD0.1-0.180	4
7pF	C20	CC0.100	1
2pF	C21	CC0.100	1
30pF	CY1, CY2	CC0.100	2
1N4007	D5, D6	DIODE0.315	2
1N4148	D7	DIODE4148	1
LED	D8, LED1, LED2, LED3, LED4	LED#3	5
串口座	DB1	DSUB1.385-2H9	1
四位数码管	DS1, DS2	LED0.364	2
10 脚简牛座	ISP1, POWER1	IDC10L	2
DC 电源座	J1	POWER-3A	1
轻触按键	KR1, S1, S2, S3, S4, S5, S6, S7, S8, S9,S10, S11, S12, S13, S14, S15, S16, S17	SW-0606	18
5V 继电器	KS1	JDQ-HRS1H	1
7.5T/R0.7mm/D3.00mm	L2	L4×16	1
4.5T/R0.7mm/D3.00mm	L3	L4×16	1
有源蜂鸣器	LS1	bell	1
CON2	P1	CC0.200	1
10kΩ排阻	PR1	IDCD9	1
8550	Q4, Q5, Q6, Q7, Q8, Q9, Q10, Q11, Q12, Q13	TO92	10
2SC3357 贴片	Q14	SOT89	1
8050	Q15	TO92	1
4.7kΩ	R21, R42, R44, R45, R46, R47, R48	AXIAL0.35	7
510Ω贴片	R22, R23, R24, R25, R26, R27, R28, R29	0805	8
200Ω	R30	AXIAL0.35	1
10kΩ贴片	R31, R32, R33, R34, R35, R36, R37, R38, R39, R40, R41, R43	0805	12
10kΩ	R49	AXIAL0.35	1
47kΩ	R50	AXIAL0.35	1
120kΩ	R51	AXIAL0.35	1
1.5MΩ	R52	AXIAL0.35	1
自锁按键	SW1	K_DIP6	1
STC90c52,AT89S52	U3	ZIF40 -1	1
L7805	U4	TO-220-0	1
24C02 贴片	U5	SO-8	1
MAX232CPE 贴片	U6	SO-16	1
SC2262	U7	dip18	1
12MHz	Y2	XTAL1	1
315MHz 声表	Y3	TO-5	1

表 15.2	"无线密码门铃" 主板套装元件清单			
型号/参数	代号	封装	数量
10000pF	C1, C9	CC0.140	2
5pF	C2	CC0.140	1
3pF	C3, C8	CC0.140	2
2pF	C4	CC0.140	1
390pF	C5	CC0.140	1
33pF	C6	CC0.140	1
0pF	C7	CC0.140	1
1μF	C10, C12	CC0.140	2
4700pF	C11	CC0.140	1
10μF	C13, C14, C15	CD0.1-0.180	3
0.01μF	C16, C17	CC0.140	2
22μF	C18	CD0.1-0.180	1
0.1μF	C19	CC0.140	1
100μF	C20	CD0.1-0.180	1
4148	D1, D2	DIODE4148	2
4148	D3, D4	DIODE0.315	2
扬声器	DS1	BELL	1
天线	E1	PIN1	1
2.5T	L1, L2	AXIAL0.3-S	2
1μH	L3	AXIAL0.3-S	1
LED	LED1	LED#3	1
9018	Q1, Q2	TO92	2
9014	Q3	TO92	1
8050	Q4	TO92	1
1kΩ	R1	AXIAL0.3	1
200kΩ	R2, R13, R15	AXIAL0.3	3
150Ω	R3	AXIAL0.3	1
6.2kΩ	R4	AXIAL0.3	1
150kΩ	R5	AXIAL0.3	1
47kΩ	R6, R20	AXIAL0.3	2
27kΩ	R7, R22, R23	AXIAL0.3	3
3.9kΩ	R8	AXIAL0.3	1
120kΩ	R9, R17, R19	AXIAL0.3	3
4.7MΩ	R10	AXIAL0.3	1
10kΩ	R11, R12, R18, R21,R25	AXIAL0.3	4
620Ω	R14	AXIAL0.3	1
270kΩ	R16	AXIAL0.3	1
4.7kΩ	R24	AXIAL0.3	1
LM358	U1	DIP-8	1
SC2272	U2	DIP-18	1
NE555	U3	DIP-8	1

"无线密码门铃"主要元器件介绍如下。

1. 集成电路 PT2262/2272-M4

PT2262-IR 和 PT2272-M4 是通用配对编、解码芯片，PT2262-IR / PT2272-M4 最多可有 12 位（A0～A11）三态地址端管脚（悬空、接高电平、接低电平），任意组合可提供 531441 种地址码。

编码芯片 PT2262-IR 发出的编码信号由地址码、数据码、同步码组成一个完整的码字，解码芯片 PT2272-M4 接收到信号后，其地址码经过两次比较核对后，VT 脚才输出高电平。PT2262-IR 的管脚图如图 15.6 所示，管脚说明如表 15.3 所示；PT2272-M4 的管脚图如图 15.7 所示，管脚说明如表 15.4 所示。

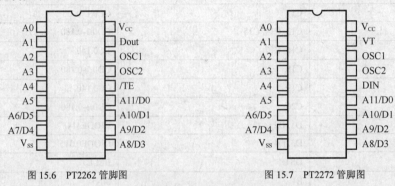

图 15.6　PT2262 管脚图　　　　　　图 15.7　PT2272 管脚图

表 15.3　　　　　　　　　　　　　　　　　PT2262 管脚说明

名称	管脚	说明
A0～A11	1～8、10～13	地址管脚，用于进行地址编码，可置为"0"、"1"、"f"(悬空)。
D0～D5	7～8、10～13	数据输入端，有一个为"1"即有编码发出，内部下拉。
Vcc	18	电源正端（＋）。
Vss	9	电源负端（－）。
TE	14	编码启动端，用于多数据的编码发射，低电平有效。
OSC1	16	振荡电阻输入端，与 OSC2 所接电阻决定振荡频率。
OSC2	15	振荡电阻振荡器输出端。
Dout	17	编码输出端（正常时为低电平）。

表 15.4　　　　　　　　　　　　　　　　　PT2272 管脚说明

名称	管脚	说明
A0～A11	1～8、10～13	地址管脚，用于进行地址编码，可置为"0"，"1"，"f"(悬空)，必须与 2262 一致，否则不能解码。
D0～D5	7～8、10～13	地址或数据管脚，当作为数据管脚时，只有在地址码与 2262 一致，数据管脚才能输出与 2262 数据端对应的高电平，否则输出为低电平，锁存型只在接收到下一数据才能转换。
Vcc	18	电源正端（＋）。
Vss	9	电源负端（－）。
DIN	14	数据信号输入端。
OSC1	16	振荡电阻输入端，与 OSC2 所接电阻决定振荡频率。
OSC2	15	振荡电阻振荡器输出端。
VT	17	解码有效确认，输出端（常低）解码有效变成高电平（瞬态）。

2. 集成电路 AT24C02

AT24C02 是基于 I^2C 的串行 E^2PROM 存储器件,具有数据掉电不丢失的特点,其管脚如图 15.8 所示。

3. 集成运放 LM358

LM358 管脚图如图 15.9 所示。其直流电压增益约为 100dB;单电源供电范围为 3~30V,双电源为±1.5~±15V。

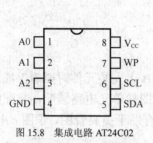

图 15.8 集成电路 AT24C02

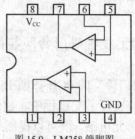

图 15.9 LM358 管脚图

4. 集成电路 NE555

NE555 为 8 脚时基集成电路,原理框图和管脚图分别如图 15.10(a)、(b)所示。可以组成的电路:

(1)单稳态:用于定(延)时、消抖动、分(倍)频、脉冲输出、速率检测等。

(2)双稳态:用于比较器、锁存器、反相器、方波输出及整形等。

(3)无稳态:用于方波输出、电源变换、音响报警、电控测量、定时等。

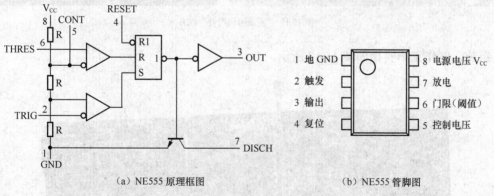

(a)NE555 原理框图　　　　　　　　　(b)NE555 管脚图

图 15.10 NE555 原理框图和管脚图

NE555 的管脚功能如下:

① 引脚:公共地端为负极;

② 引脚:低触发端 TR,低于 1/3 电源电压时即导通;

③ 引脚:输出端 Q,电流可达 2000mA;

④ 引脚:强制复位端 R,不用时可与电源正极相连或悬空;

⑤ 引脚:用来调节比较器的基准电压,简称控制端 CV,不用时可悬空,或通过 0.01μF 电容器接地;

⑥ 引脚：高触发端 TH，也称阈值端，高于 2/3 电源电压时即截止；

⑦ 引脚：放电端 DIS；

⑧ 引脚：电源正极 VCC。

5. 集成电路 MAX232CPE

见前面章节介绍。

6. 单片机 STC90C52RC

见前面章节介绍。

15.4.2 "无线密码门铃"装配

"无线密码门铃"的 PCB 如图 15.11 所示，在 PCB 上安装元件时要确保插件位置、元器件极性正确。在实际装配过程中，建议根据电路原理图按单元电路装配，装配好一个单元电路调试好一个单元电路，既可以提高装配成功率，又有助于提高看图、识图、电路分析能力。

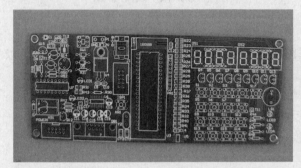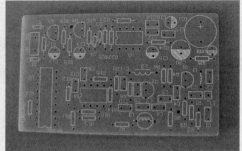

图 15.11 "无线密码门铃"PCB

组装、制作完毕实物如图 15.12 所示。

图 15.12 "无线密码门铃"实物

若组装、制作完后出现故障或问题，应依据电路原理图对照 PCB 进行仔细检查和调试，解决可能碰到的各种问题。

15.5 思考与练习题

（1）在发射电路中，Y3 起_____作用；发射电路采用_____（调幅/调频/调相/FSK/ASK/PSK）调制方式。

（2）在接收电路中，U1A 和 U1B 等其他阻容元件组成了_____（反向放大器/同向放大器/比较器/积分器/微分器/低通滤波器/带通滤波器/高通滤波器）。电感 L3 在电路中起_____作用。在无线接收电路、解码电路中 R15 是起_____作用。

（3）在发射电路中，R22～R29 在电路中起_____作用；三极管 Q4～Q11 在电路中起_____作用。

（4）在发射电路中，二极管 D5 在电路中起_____作用；二极管 D7 在电路中起_____作用。

（5）在接收电路中，U5 及其他阻容元件组成了_____（单稳态/双稳态/无稳态）。

（6）按下发射板的按键 K1，测试发射板 U7 的 16 脚、接收板 U2 的 16 脚的波形并记录峰峰值和频率参数。

项目 16 "无线抢答器"的组装、调试与制作

16.1 实 践 目 的

通过对"无线抢答器"的组装、调试与制作，掌握"无线抢答器"的工作原理，提高元器件识别、测试及整机装配、调试的技能，增强综合实践能力。

16.2 实 践 要 求

① 掌握和理解"无线抢答器"原理图各部分电路的具体功能，提高看图、识图能力；

② 对照原理图和 PCB，了解"无线抢答器"元器件布局、装配（方向、工艺等）和接线等；

③ 掌握调试的基本方法和技巧；学会排除焊接、装配过程中出现的各种故障，解决碰到的各种问题；

④ 熟练使用各种常用仪器、仪表和电子工具，掌握元器件和整机的主要参数、技术或性能指标等的测试方法；

⑤ 解答"思考与练习题"，进一步增强理论联系实际能力。

16.3 "无线抢答器"原理简介

"无线抢答器"的电路原理分别如图 16.1（a）、图 16.1（b）所示，主要由无线编码发射电路和无线（解码）接收电路、控制部分、显示电路、讯响电路组成。"无线抢答器"的编码和解码芯片分别采用 PT2262 和 PT2272-M4，发射和接收地址编码设置必须完全一致才能配对使用。

无线发射电路将编码后的地址码、数据码（区分抢答人）、同步码随同 315MHz 无线载波一起发射出去；接收电路接收到有效信号，经过解码、处理后输出检测标志信号（当接收到发送过来的信号时，解码芯片 PT2272 的 VT 脚输出一个正脉冲，与此同时，相应的数据管脚输出高电平），通过控制电路实现抢答并显示出抢答号，同时蜂鸣器发出响声。

"无线抢答器"各部分电路工作原理如下。

1. 无线发射电路

图 16.1（a）所示无线发射电路主要由编码芯片 PT2262 和高频发射部分组成，PT2262

为专用数字编码芯片最多可有 12 位（A0～A11）三态（悬空、高电平、低电平）地址端管脚，任意组合可提供 531441 种地址码。其中 D1～D6 为数据编码二极管，不同的抢答终端编码不一样。编码芯片 PT2262 发出的编码信号由地址码、数据码、同步码组成一个完整的码字，驱动高频部分把信号发射出去，发射方式为 ASK 方式。高频部分主要由分立元件组成，其中 Q3 为开关三极管，Q2 为高频振荡三极管，Y1 为声表面滤波器，主要起高频滤波的作用。

2. 无线接收电路

无线接收电路如图 16.2 所示，主要由接收电路、本振电路、检波电路、数字信号放大电路和解码电路组成。图 16.2 中电感 L2 在电路中起检波作用，电路中 R5 是起共地作用；U1A 和 U1B 等其他阻容元件组成同向放大器对检波的数字信号进行放大；解码芯片 PT2272 接收到信号后，其地址码经过两次比较核对后，VT 脚才输出高电平。

3. 控制与显示电路

控制与显示电路如图 16.3 所示，整个电路包括编码，优先，锁存，数显及复位电路，RST1 为复位键，U4 是一块含 BCD-7 段锁存/译码/驱动电路于一体的集成电路，其 1、2、6、7 脚为 BCD 码输入端，9～15 脚为显示输出端，3 脚（LT）为测试验出端，当"LT"为 0 时，输出全为 1；4 脚（BI）为消隐端，BI 为 0 时输出全为 0；5 脚（LE）为锁存控制端，当 LE 由"0"变为"1"时，输出端保持 LE 为 0 时的显示状态。

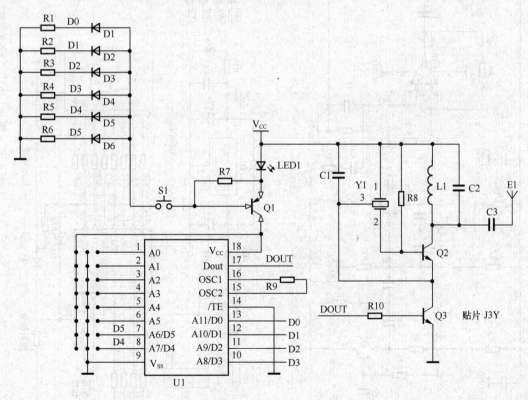

图 16.1（a） "无线抢答器"发射电路原理图

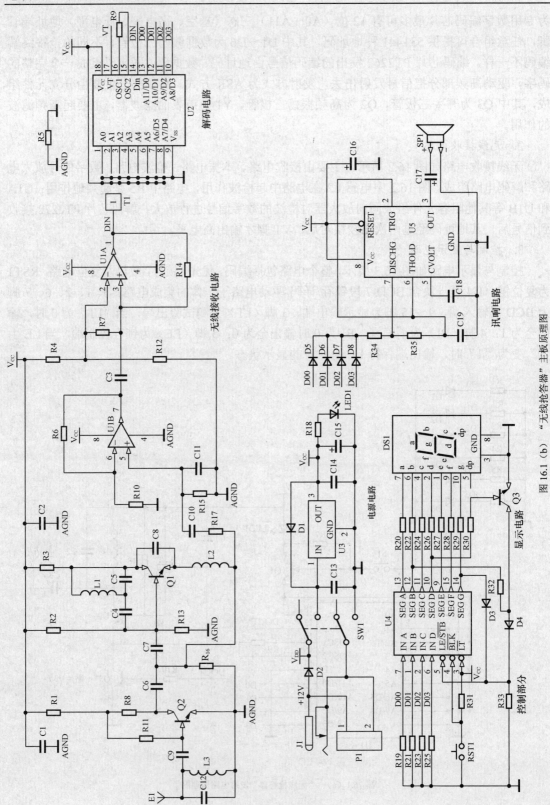

图 16.1 (b) "无线抢答器" 主板原理图

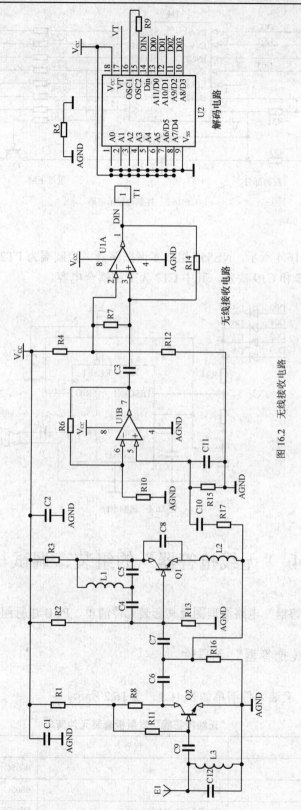

图 16.2 无线接收电路

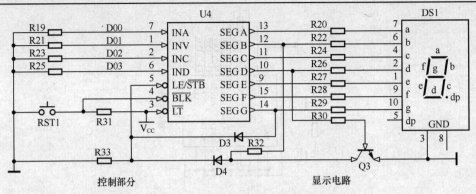

图 16.3 控制与显示电路

4. 讯响电路

讯响电路如图 16.4 所示，NE555 组成多谐振荡器，控制端为 PT2272 的数据输出口，发声频率由 R34、R35 和 C19 决定，其中 C17 为交流耦合电容。

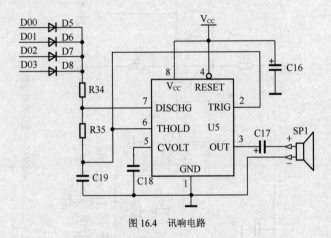

图 16.4 讯响电路

16.4 "无线抢答器"的组装、调试与制作

根据"无线抢答器"电路原理图及其套装元件清单、PCB 进行组装、调试与制作。

16.4.1 "无线抢答器"元器件

"无线抢答器"套装元件清单如表 16.1、表 16.2 所示。

表 16.1   **"无线抢答器"发射板套装元件清单**

型号/参数	代号	封装	数量
2pF 贴片	C1, C2	0805C	2
15pF 贴片	C3	0805C	1
1N4148	D1, D2, D3, D4, D5, D6	DIODE4148	6

续表

型号/参数	代号	封装	数量
天线	E1	PIN1	1
发光二极管	LED1	LED#3	1
S8550 贴片（L2A）	Q1	SOT-23	1
2SC3356 贴片（R25）	Q2	SOT-23	1
S8050 贴片（J3Y）	Q3	SOT-23	1
10kΩ贴片	R1, R2, R3, R4, R5, R6	0805R	6
27kΩ贴片	R7, R8, R10	0805R	3
1.5MΩ贴片	R9	0805R	1
轻触按键	S1	SW-0606	1
SC2262（带座）	U1	DIP18	1
315MHz 声表面滤波器	Y1	TO-5	1

表 16.2　　　　　　　　　　"无线抢答器"主板套装元件清单

型号/参数	代号	封装	数量
轻触按键	RST1	SW-0606	1
自锁按键	SW1	K_DIP6	1
0	R5	AXIAL0.35	1
100kΩ贴片	R30	0805R	1
10kΩ贴片	R4, R12, R19, R21, R23, R25, R31, R33, R34, R35	0805R	10
120kΩ	R15	AXIAL0.35	1
150Ω	R8	AXIAL0.35	1
150kΩ	R2	AXIAL0.35	1
1kΩ	R1	AXIAL0.35	1
2.2kΩ贴片	R32	0805R	1
200kΩ	R6, R7, R11	AXIAL0.35	3
270kΩ	R9	AXIAL0.35	1
27kΩ	R3	AXIAL0.35	1
3.9kΩ	R17	AXIAL0.35	1
360Ω贴片	R20, R22, R24, R26, R27, R28, R29	0805R	7
4.7kΩ贴片	R18	0805R	1
4.7MΩ	R14	AXIAL0.35	1
47kΩ	R13	AXIAL0.35	1
6.2kΩ	R16	AXIAL0.35	1
620Ω	R10	AXIAL0.35	1
DC 电源座	J1	POWER-3A	1
SC2272（带座）	U2	DIP18	1

续表

型号/参数	代号	封装	数量
9013	Q3	TO92	1
9018	Q1, Q2	TO92	2
L7805	U3	TO-220-0	1
LM358 贴片	U1	SO-8	1
发光二极管	LED1	LED#3	1
1μH 电感	L2	LD0.4	1
2.5T	L1, L3	L4×16	2
1N4007	D1, D2, D3, D4, D5, D6, D7, D8	DIODE0.315	8
100μF	C17	CD0.1-0.220	1
10μF	C15	CD0.1-0.180	1
47μF	C16	CD0.1-0.180	1
0.1μF 贴片	C13, C14, C18	0805C	3
不焊或 2pF	C5	CC0.100	1
10000pF	C1, C2, C19	CC0.100	3
1μF	C3, C10	CC0.100	2
2pF	C6	CC0.100	1
33pF	C4	CC0.100	1
390pF	C7	CC0.100	1
3pF	C8, C9	CC0.100	2
4700pF	C11	CC0.100	1
5pF	C12	CC0.100	1
无源蜂鸣器	SP1	Speaker	1
数码管	DS1	LED0.561	1
CD4511（带座）	U4	DIP16	1
NE555（带座）	U5	DIP8	1

"无线抢答器"主要元器件介绍如下：

1. 集成电路 PT2262/2272-M4

见前面章节介绍。

2. 集成电路 LM358

见前面章节介绍。

3. 集成电路 NE555

见前面章节介绍。

4. 集成电路 CD4511

CD4511 是 BCD-7 段锁存译码驱动器，可直接驱动 LED 及其他器件。LT、BI、LE 输入端分别检测显示、亮度调节、存储或选通 BCD 码等功能。当使用外部多路转换电路时，可多路转换和显示几种不同的信号。CD4511 管脚图如图 16.5 所示，功能表如表 16.3 所示，

CD4511 管脚功能说明如下：

A0～A3：二进制数据输入端

BI：   输出消隐控制端

LE：   数据锁定控制

LT：   灯测试

V_{DD}： 正电源

Vss：   地

Ya～Yg：数据输出端

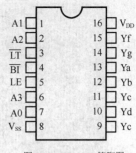

图 16.5 CD4511 管脚图

表 16.3   **CD4511 功能表**

LE	$\overline{BI}$	$\overline{LT}$	A3	A2	A1	A0	Ya	Yb	Yc	Yd	Ye	Yf	Yg
×	×	L	×	×	×	×	H	H	H	H	H	H	H
×	L	H	×	×	×	×	L	L	L	L	L	L	L
L	H	H	L	L	L	L	H	H	H	H	H	H	L
L	H	H	L	L	L	H	L	H	H	L	L	L	L
L	H	H	L	L	H	L	H	H	L	H	H	L	H
L	H	H	L	L	H	H	H	H	H	H	L	L	H
L	H	H	L	H	L	L	H	L	H	H	L	H	H
L	H	H	L	H	L	H	H	H	H	L	L	H	H
L	H	H	L	H	H	L	L	L	H	H	H	H	H
L	H	H	L	H	H	H	H	H	H	L	L	L	L
L	H	H	H	L	L	L	H	H	H	H	H	H	H
L	H	H	H	L	L	H	H	H	H	L	H	H	H
L	H	H	H	L	H	L	L	L	L	L	L	L	L
L	H	H	⋮	⋮	⋮	⋮	L	L	L	L	L	L	L
L	H	H	H	H	H	H	L	L	L	L	L	L	L
H	H	H	×	×	×	×	*	*	*	*	*	*	*

*输出状态锁定在上一个 LE=L 时，A_0～A_3 的输入状态。

5. 集成电路 MAX232CPE

见前面章节介绍。

6. 单片机 STC90C52RC

见前面章节介绍。

16.4.2 "无线抢答器"装配

"无线抢答器"的 PCB 如图 16.6 所示，在 PCB 上安装元件时要确保插件位置、元器件极性正确。在实际装配过程中，建议根据电路原理图按单元电路装配，装配好一个单元电路调试好一个单元电路，既可以提高装配成功率，又有助于提高看图、识图、电路分析能力。

组装、制作完毕实物如图 16.7 所示。

发射板采用不同的二极管进行数据编码，可以进行区别抢答号。按下发射板的按键，发射无线电信号，主板接收到相应的信号后，发出短暂抢答声并显示优先抢答者的号数，同时，抢答成功后，再按按键，显示不会改变，除非按复位键。复位后，显示清零。

若组装、制作完后出现故障或问题，应依据电路原理图对照 PCB 进行仔细检查和调试，解决可能碰到的各种问题。

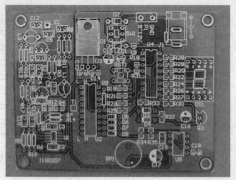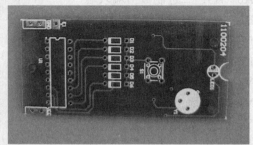

图 16.6 "无线抢答器" PCB

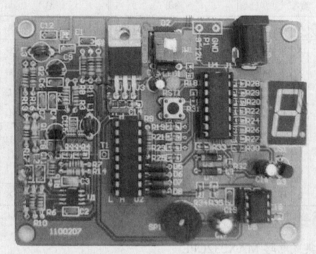

图 16.7 "无线抢答器" 实物

16.5　思考与练习题

（1）在发射电路中，Y1 起_____作用；发射电路采用_____（调幅/调频/调相/FSK/ASK/PSK）调制方式。

（2）在接收电路中，U1A 和 U1B 等其他阻容元件组成了_____（反向放大器/同向放大器/比较器/积分器/微分器/低通滤波器/带通滤波器/高通滤波器）。电感 L2 在电路中起_____作用。在无线接收电路、解码电路中 R5 是起_____作用；在电路中 R6 是起_____作用。

（3）在接收电路中，R20、R22、R24、R26～R30 在电路中起_____作用。

（4）在电源电路中，二极管 D1 在电路中起_____作用；发光二极管 LED1 的管压降为_____V。

（5）在电路中 Q3 工作在_____（放大区/开关区）。

（6）在接收电路中，U5 及等其他阻容元件组成了_____（单稳态/双稳态/无稳态）。

（7）按下发射板的按键 K1，测试发射板 U1 的 16 脚、接收板 U2 的 16 脚的波形并记录峰峰值和频率参数。

项目17 "无线呼叫服务器"的组装、调试与制作

17.1 实践目的

通过对"无线呼叫服务器"的组装、调试与制作，掌握"无线呼叫服务器"的工作原理，提高元器件识别、测试及整机装配、调试的技能，增强综合实践能力。

17.2 实践要求

① 掌握和理解"无线呼叫服务器"原理图各部分电路的具体功能，提高看图、识图能力；

② 对照原理图和 PCB，了解"无线呼叫服务器"元器件布局、装配（方向、工艺等）和接线等；

③ 掌握调试的基本方法和技巧；学会排除焊接、装配过程中出现的各种故障，解决碰到的各种问题；

④ 熟练使用各种常用仪器、仪表和电子工具，掌握元器件和整机的主要参数、技术或性能指标等的测试方法；

⑤ 解答"思考与练习题"，进一步增强理论联系实际能力。

17.3 "无线呼叫服务器"原理简介

"无线呼叫服务器"的电路原理分别如图 17.1（a）、图 17.1（b）所示，无线呼叫服务器主要由无线（编码）发射电路和无线（解码）接收电路、控制部分及显示电路组成。

"无线呼叫服务器"的编码和解码芯片分别采用 PT2262 和 PT2272-M4，发射和接收地址编码设置必须完全一致才能配对使用。

无线发射电路将编码后的地址码、数据码、同步码随同 315MHz 无线载波一起发射出去；接收电路接收到有效信号，经过解码、处理后输出检测标志信号（当接收到发送过来的信号时，解码芯片 PT2272 的 VT 脚输出一个正脉冲，与此同时，相应的数据管脚输出高电平），通过单片机控制蜂鸣器的发声和数码管的显示。

发射板连接不同的二极管进行数据编码，以进行区别服务号（如房间号、餐饮位号等）。按下发射板的按键，发射无线电信号，主板接收到相应的信号后，实现相应功能，如数码管显示服务号，蜂鸣器、发光二极管进行声光提示（主板上的按键可以取消提示）。

"无线呼叫服务器"各部分电路工作原理如下：

其中电源电路、串口通信电路与前面章节相类似，在此不再赘述。

1. 无线发射电路

无线发射电路如图 17.2 所示，主要由编码芯片 PT2262 和高频发射部分组成，PT2262 为专用数字编码芯片最多可有 12 位（A0～A11）三态（悬空、接高电平、接低电平）地址端管脚，任意组合可提供 531441 种地址码。其中 D1～D6 为数据编码二极管，不同的抢答终端编码不一样。编码芯片 PT2262 发出的编码信号由地址码、数据码、同步码组成一个完整的码字，驱动高频部分把信号发射出去，发射方式为 ASK 方式。高频部分主要由分立元件组成，其中 Q3 为开关三极管；Q2 为高频振荡三极管；Y1 为声表面滤波器，主要起高频滤波的作用。

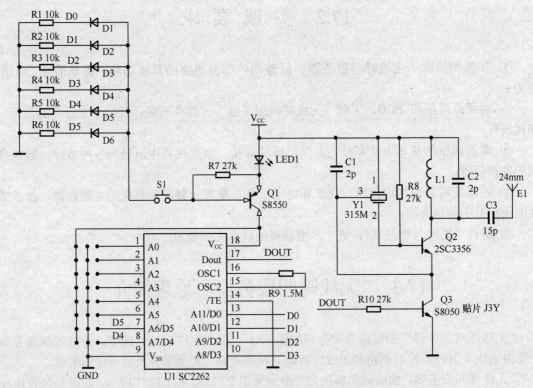

图 17.1（a） "无线呼叫服务器"发射电路原理图

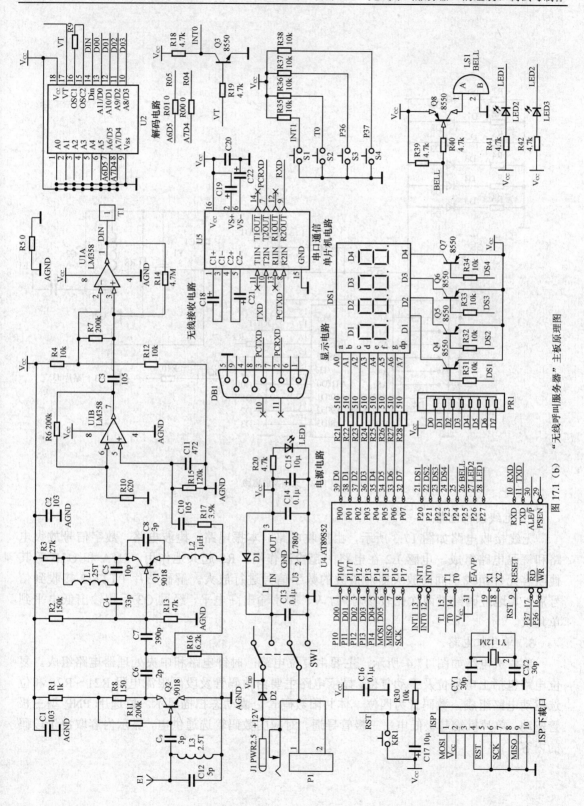

图17.1（b）"无线呼叫服务器"主板原理图

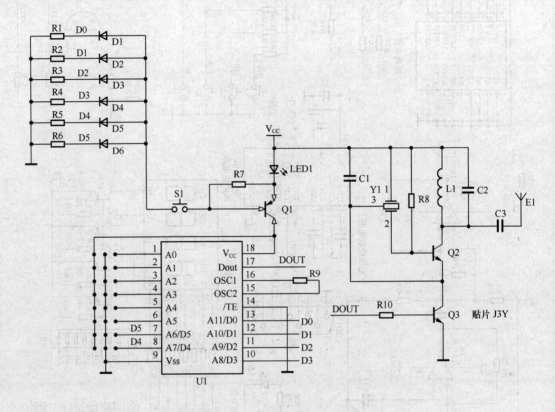

图 17.2　无线发射电路

2. 无线接收电路

无线接收电路如图 17.3 所示，由接收电路、本振电路、检波电路、数字信号放大电路和解码电路组成。电感 L2 在电路中起检波作用，R5 起共地作用。U1A 和 U1B 等其他阻容元件组成了同向放大器对检波的数字信号进行放大。解码芯片 PT2272 接收到信号后，其地址码经过两次比较核对后，VT 脚才输出高电平，经过 Q3 反相输出低电平到单片机。

3. 单片机电路

单片机电路如图 17.4 所示，主要由复位电路，时钟电路和中央处理器电路组成。复位电路包括上电复位及手动复位。显示电路主要由数码管及段码限流电阻 R21～R28 和位选驱动电路组成，数码管为四位一体共阳数码管，为动态扫描显示。位选用 PNP 型三极管驱动，单片机给基极低电平三极管导通，对应的数码管选通供电，显示内容取决于段码的内容。

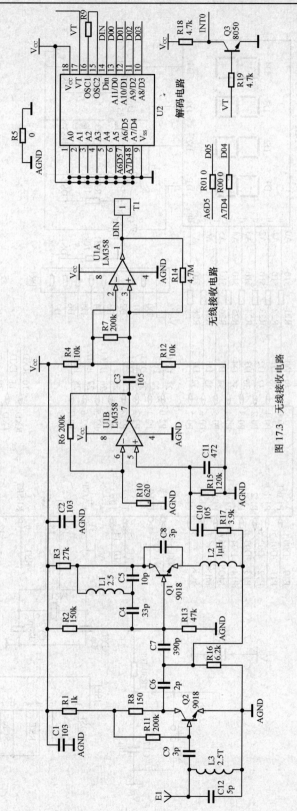

图 17.3 无线接收电路

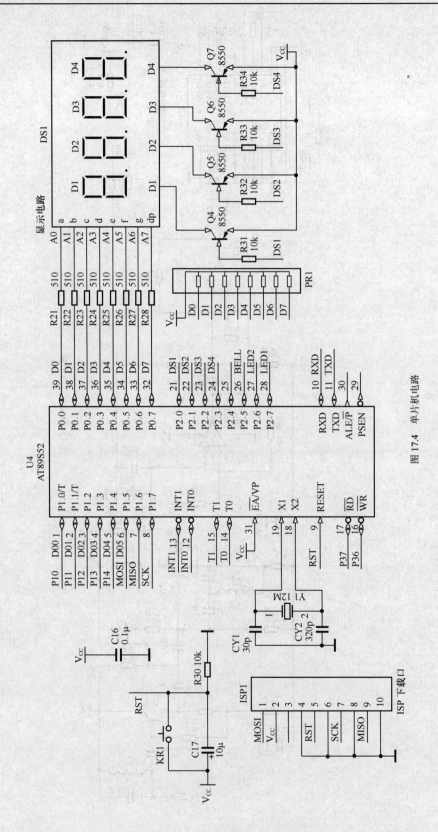

图 17.4 单片机电路

17.4 "无线呼叫服务器"的组装、调试与制作

根据"无线呼叫服务器"电路原理图及其套装元件清单、PCB 进行组装、调试与制作。

17.4.1 "无线呼叫服务器"元器件

"无线呼叫服务器"套装元件清单如表 17.1、表 17.2 所示。

表 17.1   "无线呼叫服务器"发射板套装元件清单

型号/参数	代号	封装	数量
2pF 贴片	C1, C2	0805C	2
15pF 贴片	C3	0805C	1
1N4148	D1, D2, D3, D4, D5, D6	DIODE4148	6
天线	E1	PIN1	1
发光二极管白发红	LED1	LED#3	1
S8550 贴片	Q1	SOT-23	1
2SC3356 贴片	Q2	SOT-23	1
S8050 贴片	Q3	SOT-23	1
10kΩ贴片	R1, R2, R3, R4, R5, R6	0805R	6
27kΩ贴片	R7, R8, R10	0805R	3
1.5M 贴片	R9	0805R	1
轻触按键	S1	SW-0606	1
SC2262	U1	DIP-18	1
315MHz 声表面波滤波器	Y1	TO-5	1

表 17.2   "无线呼叫服务器"主板套装元件清单

型号/参数	代号	封装	数量
10000pF	C1, C2	CC0.100	2
1μF	C3, C10	CC0.100	2
33pF	C4	CC0.100	1
0pF	C5	CC0.100	1
2pF	C6	CC0.100	1
390pF	C7	CC0.100	1
3pF	C8, C9	CC0.100	2
4700pF	C11	CC0.100	1
5pF	C12	CC0.100	1
0.1μF 贴片	C13, C14, C16, C20	0805C	4
10μF	C15, C17	CD0.1-0.180	2
1μF	C18, C19, C21, C22	0805C	4

续表

型号/参数	代号	封装	数量
30pF	CY1, CY2	CC0.100	2
1N4007	D1, D2	DIODE0.315	2
串口座	DB1	DSUB1.385-2H9	1
四位共阳数码管	DS1	LED0.364	1
10 脚简牛座	ISP1	IDC10L	1
DC 电源座	J1	POWER-3A	1
轻触按键	KR1, S1, S2, S3, S4	SW-0606	5
2.5T	L1, L3	L4×16	2
1μH 电感	L2	LD0.4	1
发光二极管	LED1, LED2, LED3	LED#3	3
有源蜂鸣器	LS1	BELL	1
10kΩ排阻	PR1	IDCD9	1
9018	Q1, Q2	TO92	2
8050	Q3	TO92	1
8550	Q4, Q5, Q6, Q7, Q8	TO92	5
0Ω贴片	R00, R01	0805R	2
1kΩ	R1	AXIAL0.35	1
150kΩ	R2	AXIAL0.35	1
27kΩ	R3	AXIAL0.35	1
0Ω	R5	AXIAL0.35	1
200kΩ	R6, R7, R11	AXIAL0.35	3
150Ω	R8	AXIAL0.35	1
270kΩ	R9	AXIAL0.35	1
620Ω	R10	AXIAL0.35	1
47kΩ	R13	AXIAL0.35	1
4.7MΩ	R14	AXIAL0.35	1
120kΩ	R15	AXIAL0.35	1
6.2kΩ	R16	AXIAL0.35	1
3.9kΩ	R17	AXIAL0.35	1
4.7kΩ贴片	R18, R19, R20, R39, R40, R41, R42	0805R	7
510Ω贴片	R21, R22, R23, R24, R25, R26, R27, R28	0805R	8
10kΩ贴片	R4, R12,R30, R31, R32, R33, R34, R35, R36, R37, R38	0805R	11
自锁按键	SW1	K_DIP6	1
LM358 贴片	U1	SO-8	1
SC2272（带座）	U2	DIP18	1
L7805	U3	TO-220-0	1
AT89S52（带座）	U4	ZIF40 -1	1
MAX232CPE 贴片	U5	SO-16	1
12MHz	Y1	XTAL1	1

"无线呼叫服务器"主要元器件介绍如下：

1. 集成电路 PT2262/2272-M4

见前面章节介绍。

2. 集成电路 LM358

见前面章节介绍。

3. 集成电路 MAX232CPE

见前面章节介绍。

4. 单片机 STC90C52RC

见前面章节介绍。

17.4.2 "无线呼叫服务器"装配

"无线呼叫服务器"的 PCB 如图 17.5 所示，在 PCB 上安装元件时要确保插件位置、元器件极性正确。在实际装配过程中，建议根据电路原理图按单元电路装配，装配好一个单元电路调试好一个单元电路，既可以提高装配成功率，又有助于提高看图、识图、电路分析能力。

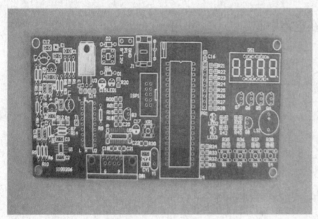
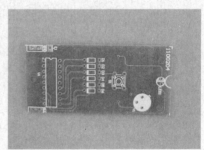

图 17.5 "无线呼叫服务器"PCB

组装、制作完毕实物如图 17.6 所示。

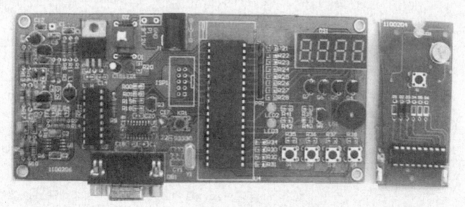

图 17.6 "无线呼叫服务器" 实物

若组装、制作完后出现故障或问题，应依据电路原理图对照 PCB 进行仔细检查和调试，解决可能碰到的各种问题。

17.5　思考与练习题

（1）在显示电路中排阻 PR1 在电路中起_____作用。

（2）在发声电路中 Q7 工作在_____（放大区/开关区）。

（3）在发射电路中，Y1 起_____作用；发射电路采用_____（调幅/调频/调相/FSK/ASK/PSK）调制方式。

（4）在接收电路中，U1A 和 U1B 等其他阻容元件组成了_____（反向放大器/同向放大器/比较器/积分器/微分器/低通滤波器/带通滤波器/高通滤波器）。电感 L2 在电路中起_____作用。在无线接收电路、解码电路中 R5 是起_____作用；在电路中 R6 是起_____作用。

（5）在接收电路中，R21～R28 在电路中起_____作用；三极管 Q4～Q7 在电路中起_____作用。

（6）在电源电路中，二极管 D1 在电路中起_____作用。

项目 18 "太阳能热水器控制器"的组装、调试与制作

18.1 实 践 目 的

通过对"太阳能热水器控制器"的组装、调试与制作，掌握"太阳能热水器控制器"的工作原理，提高元器件识别、测试及整机装配、调试的技能，增强综合实践能力。

18.2 实 践 要 求

① 掌握和理解"太阳能热水器控制器"原理图各部分电路的具体功能，提高看图、识图能力；

② 对照原理图和 PCB，了解"太阳能热水器控制器"元器件布局、装配（方向、工艺等）和接线等；

③ 掌握调试的基本方法和技巧；学会排除焊接、装配过程中出现的各种故障，解决碰到的各种问题；

④ 熟练使用各种常用仪器、仪表和电子工具，掌握元器件和整机的主要参数、技术或性能指标等的测试方法；

⑤ 解答"思考与练习题"，进一步增强理论联系实际能力。

18.3 "太阳能热水器控制器"原理简介

"太阳能热水器控制器"具有水位过低时报警及自动上水；实时显示水温、水位（能显示 5 级水位）；自动上水和手动上水等功能，手动上水可人为控制上水时间和上水水位。

"太阳能热水器控制器"的电路原理如图 18.1 所示，主要由传感器部分和控制显示部分组成。"太阳能热水器控制器"由五路"传感器"（用五根插入水中的导线代替传感器）检测水箱液位的变化；由单片机控制液位的显示及电泵的抽放水（控制水位高度），用 DS1820 温度传感器检测水温。

"太阳能热水器控制器"各部分电路工作原理如下：

其中电源电路、串口通信电路与前面章节相类似，在此不再赘述。

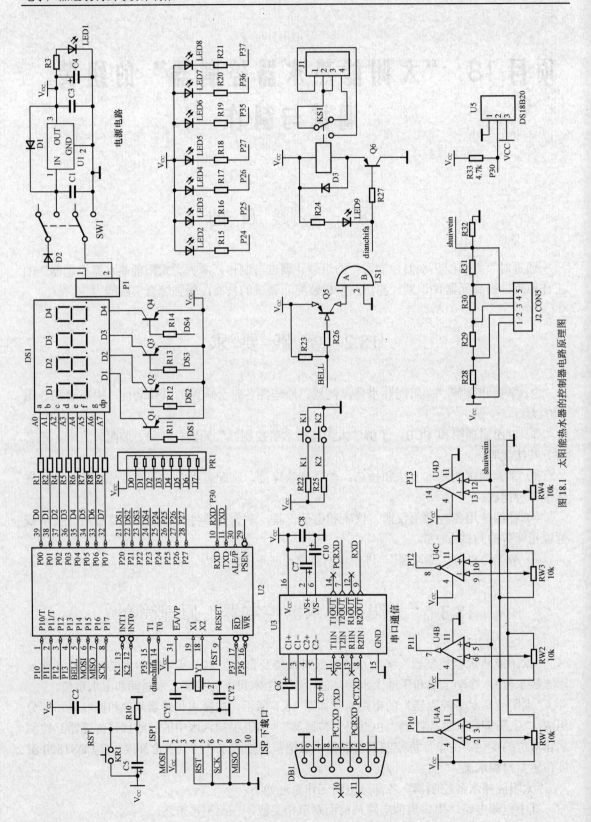

图 18.1 太阳能热水器的控制器电路原理图

1. 液位采集电路

液位采集电路如图 18.2 所示，太阳能水箱示意图如图 18.3 所示。

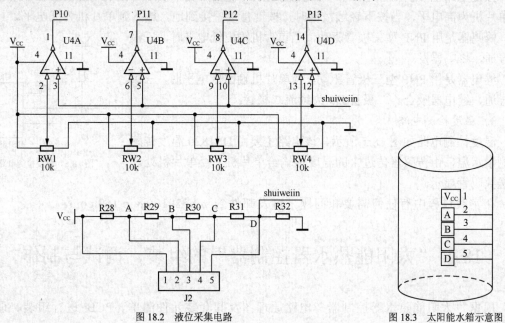

图 18.2 液位采集电路   图 18.3 太阳能水箱示意图

五路液位检测都采用运放组成的比较器检测电路液位变化，将电平信号分别送入单片机。实际检测时，从 J2 焊出五根导线，分别将接 VCC、A、B、C 和 D 的导线放入水杯（太阳能水箱）中，位置如图 18.3。D 结点为输出端，当水位上升时，串联的电阻由下到上依次被短路，输出端的电压值会依次升高，输出值经由四个比较器组成的转换电路转换成不同的开关量（不同的水位对应不同的开关量），供单片机读取。

2. 状态指示、按键、蜂鸣、继电器电路

状态指示、按键、蜂鸣、继电器电路如图 18.4 所示。

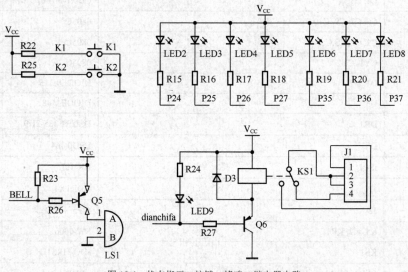

图 18.4 状态指示、按键、蜂鸣、继电器电路

状态指示电路由限流电阻和发光二极管组成，当单片机控制端为低电平时发光二极管亮。

按键电路主要由上拉电阻和轻触按键组成，轻触按键未按下时由于电阻的上拉作用输入到单片机为高电平，当按下轻触按键时，按键直接短接到地，输入到单片机为低电平。

蜂鸣器是用 PNP 型三极管驱动，当单片机输出低电平时，三极管导通，蜂鸣器发声。

继电器是用 PNP 型三极管驱动，当单片机输出低电平时，三极管导通，继电器吸合。二极管 D3 为续流二极管。

3. 温度检测电路

温度检测电路如图 18.5 所示，该电路主要由 DS1820 温度传感器测量水温，由传感器传过来的温度传输给单片机，经单片机处理后送数码管显示。

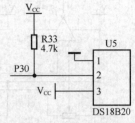

图 18.5　温度检测电路

在实践过程中有任何需要和问题，可发邮件到 ychd2010@vip.163.com。

18.4　"太阳能热水器控制器"的组装、调试与制作

根据"太阳能热水器控制器"电路原理图及其套装元件清单、PCB 进行组装、调试与制作。

18.4.1　"太阳能热水器控制器"元器件

"太阳能热水器控制器"套装元件清单如表 18.1 所示。

表 18.1 　　　　　　　　　　　　"太阳能热水器控制器"套装元件清单

型号/参数	代号	封装	数量
10μF	C4, C5	CD0.1-0.180	2
1μF	C6, C7, C9, C10	0805C	4
0.1μF	C1, C2, C3,C8	0805C	4
30pF	CY1, CY2	0805C	2
1N4007	D1, D2	DIODE0.315	2.
1N4148	D3	DIODE4148	1
串口座	DB1	DSUB1.385-2H9	1
四位数码管	DS1	LED0.364	1
10 脚简牛座	ISP1	IDC10L	1
4 脚插针	J1	HDR1X4	1
5 脚插针	J2	SIP5	1
SW-PB	K1, K2, KR1	SW-0606	3
5V 继电器 6 脚	KS1	JDQ-HRS1H	1
发光二极管	LED1, LED2, LED3, LED4, LED5, LED6, LED7, LED8, LED9	LED#3	9

续表

型号/参数	代号	封装	数量
有源蜂鸣器	LS1	BELL	1
导线	P1	CC0.200	1
10kΩ排阻	PR1	IDCD9	1
8550	Q1, Q2, Q3, Q4, Q5, Q6	TO92	6
510Ω	R1, R2, R4, R5, R6, R7, R8, R9	0805R	8
4.7kΩ	R3, R15, R16, R17, R18, R19, R20, R21, R24, R26, R27, R33	0805R	12
10kΩ	R10, R11, R12, R13, R14, R22, R23, R25, R28, R29, R30, R31, R32	0805R	13
10kΩ电位器	RW1, RW2, RW3, RW4	VR3296	4
自锁按键	SW1	K_DIP6	1
L7805	U1	TO-220-0	1
AT89S52(带座)	U2	ZIF40 -1	1
MAX232CPE	U3	SO-16	1
LM324	U4	DIP14	1
DS18B20	U5	TO92	1
12MHz	Y1	XTAL1	1

"太阳能热水器控制器"主要元器件介绍如下：

1. 集成电路 LM324

见前面章节介绍。

2. 集成电路 MAX232CPE

见前面章节介绍。

3. 单片机 STC90C52RC

见前面章节介绍。

4. 集成电路 DS18B20

见前面章节介绍。

18.4.2 "太阳能热水器控制器"装配

"太阳能热水器控制器"的 PCB 如图 18.6 所示，在 PCB 上安装元件时要确保插件位置、元器件极性正确。在实际装配过程中，建议根据电路原理图按单元电路装配，装配好一个单元电路调试好一个单元电路，既可以提高装配成功率，又有助于提高看图、识图、电路分析能力。

组装、制作完毕实物如图 18.7 所示。

"太阳能热水器控制器"默认为手动上水功能，接通电源时，手动指示灯亮，若传感器没有插入水中，表明是最低水位，第一级水位指示灯闪烁，并发出报警声，四数码管显示实时水温。

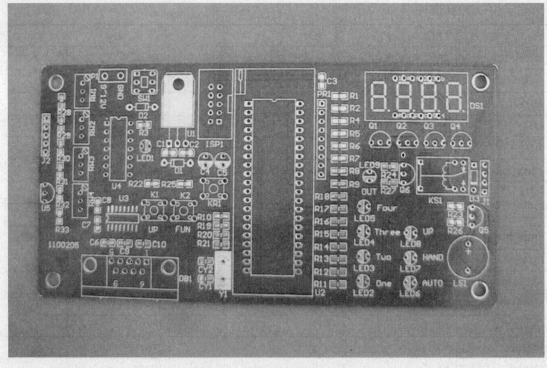

图 18.6 "太阳能热水器控制器" PCB

图 18.7 "太阳能热水器控制器" 实物

● 测试手动功能：

在手动功能状态下，按下"UP"键（K1）电磁阀指示灯亮，上水指示灯闪烁。表明正在上水，随水位的上升，水位指示灯会依次点亮。当再次按下"UP"键时。电磁阀指示灯熄灭，上水指示灯停止闪烁，表明停止上水。可以人为控制水位的高度。

● 测试自动功能：

按下"FUN"键（K2），手动功能指示灯熄灭，自动功能指示灯点亮。此时当水位是最低水位时，电磁阀指示灯点亮，上水指示灯闪烁。表明正在上水（可将传感器缓慢插入水中表示上水过程），随水位的上升，水位指示灯依次点亮。当达到最高水位时，电磁阀指示灯熄灭，上水指示灯停止闪烁。表明停止上水，当传感器从水中缓慢抽出时，表明水位在下降，随水位的下降水位指示灯依次从上到下熄灭。当水位下降到最低水位时，重复上水过程。

若组装、制作完后出现故障或问题，应依据电路原理图对照 PCB 进行仔细检查和调试，解决可能碰到的各种问题。

18.5 思考与练习题

（1）在水位检测电路中，U4 和其他阻容元件组成了_____（反向放大器/同向放大器/比较器/积分器/微分器/低通滤波器/带通滤波器/高通滤波器）。

（2）在水位检测电路中，计算传感器短路各点时，输出电压的理论值，并把传感器逐渐放入水中测试输出电压的实际值并填入下表。

短路的各点	网络标号 shuiweiin 电压值（理论值 V）	放入水中点	网络标号 shuiweiin 电压值（实测值 V）
C、D 点		C、D 点	
B、C、D 点		B、C、D 点	
A、B、C、D 点		A、B、C、D 点	
VCC 和 A、B、C、D 点		VCC 和 A、B、C、D 点	

（3）接通电源，在传感器没有插入水中时测试各点的电压。

测试点	电压值（V）	测试点	电压值（V）
芯片 U4 的 2 脚		芯片 U4 的 9 脚	
芯片 U4 的 6 脚		芯片 U4 的 13 脚	
芯片 U2 的 18 脚		芯片 U2 的 19 脚	

项目 19 "简易无线功放机"的
组装、调试与制作

19.1 实 践 目 的

通过对"简易无线功放机"的组装、调试与制作，掌握调频发射、接收的工作原理，提高元器件识别、测试及整机装配、调试的技能，增强综合实践能力。

19.2 实 践 要 求

① 掌握和理解"简易无线功放机"原理图各部分电路的具体功能，提高看图、识图能力；

② 对照原理图和 PCB，了解元器件布局、装配（方向、工艺等）和接线等；

③ 掌握调试的基本方法和技巧；学会排除焊接、装配过程中出现的各种故障，解决碰到的各种问题；

④ 熟练使用各种常用仪器、仪表和电子工具，掌握元器件和整机的主要参数、技术或性能指标等的测试方法；

⑤ 解答"思考与练习题"，进一步增强理论联系实际能力。

19.3 "简易无线功放机"原理简介

"简易无线功放机"主要由无线发射电路、电源电路、无线接收电路和功率放大电路组成，无线发射电路工作方式为 FM 调频工作方式，音质好。接收电路采用电调谐单片 FM 收音机集成电路 SC1088，调谐方便准确，内设静噪电路，抑制调谐过程中的噪声；功率放大电路采用 TDA2822M 双声道立体声集成电路，该集成电路有电路简单、音质好、电压范围宽等特点。

"简易无线功放机"的电路原理分别如图 19.1（a）、图 19.1（b）所示，各部分电路的工作原理如下：

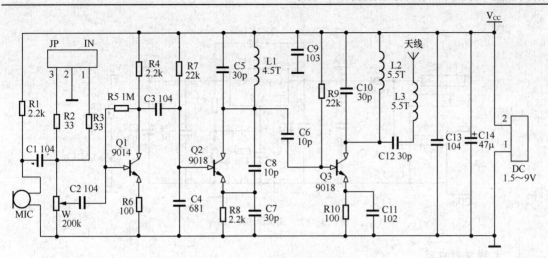

图 19.1（a）　发射板电路原理图

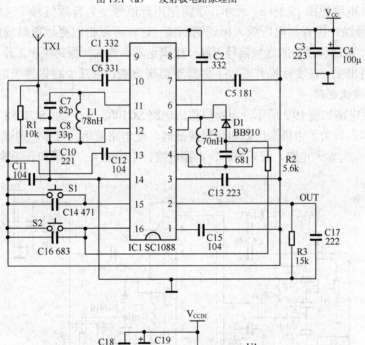

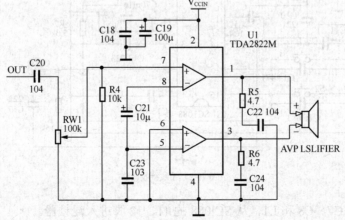

图 19.1（b）　主板原理图

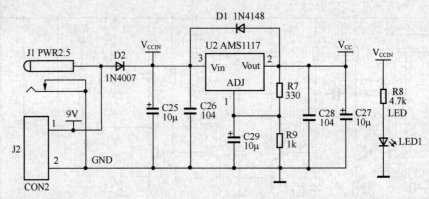

图 19.1 (b)　主板原理图（续）

1. 无线发射电路

无线发射电路如图 19.1（a）所示，话筒把声音信号变为音频信号（也可直接输入音频信号），音频信号经一级音频电压放大再送调制级，这样可以拾取更远更微弱的声音（放大微弱的音频信号）。振荡调制后的高频信号再经一级调谐功率放大（振荡频率工作在 88～108MHz）后送天线发射出去。在实际操作时，手尽量不要碰天线，以减少对振荡级的影响，减少谐波。

2. 无线接收电路

无线接收电路如图 19.2 所示，电路以集成电路 SC1088 为核心，SC1088 采用特殊的低中频（70kHz）技术，省去了中频变压器和陶瓷滤波器，使电路简单、可靠，调试方便。无线接收电路主要由 FM 信号输入电路、混频电路、本振电路、中频放大、鉴频和音频输出电路组成。

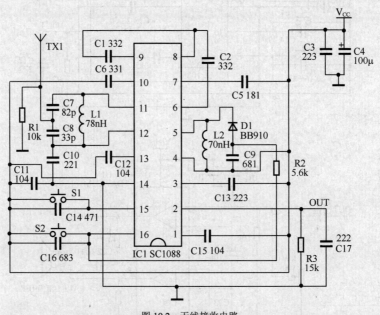

图 19.2　无线接收电路

调频信号经 C7、C8 和 L1，从 SC1088 的 11、12 脚进入混频器。

信号进入 SC1088 的混频器后与压控振荡器产生的本振电路信号在 IC 内混频得到 70kHz

的中频信号（IF）。中频信号经 SC1088 内部的 1dB 放大器放大后，由 SC1088 的 8 脚输出。

IF 信号经 C1 耦合后从 SC1088 的 9 脚输入到中频限幅放大器，IF 信号限幅放大后送到鉴频器（解调器）检出音频信号，音频信号经 SC1088 内部环路滤波和 AF（音频）放大后由 SC1088 的 2 脚输出音频信号。

3. **音频功率放大电路**

功率放大电路如图 19.3 所示，该电路采用 TDA2822M 双声道立体声集成电路，工作在 BTL 放大模式，RW1 为音量调节电位器，C18、C19 为电源滤波电容。音频信号经音量调节电位器 W 后，进入 TDA2822，经过放大后从 TDA2822 的 1、3 脚输出。

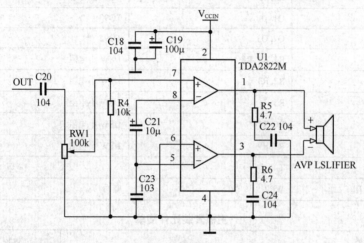

图 19.3 功率放大电路

在实践过程中有任何需要和问题，可发邮件到 ychd2010@vip.163.com。

19.4 "简易无线功放机"的组装、调试与制作

根据电路原理图及其套装元件清单、PCB 进行组装、调试与制作。

19.4.1 "简易无线功放机"元器件

套装元件清单如表 19.1、表 19.2 所示。

表 19.1   **发射板套装元件清单**

型号/参数	代号	封装	数量
0.1μ	C1, C2, C3, C13	CC0.140	4
680pF	C4	CC0.140	1
30pF	C5, C7, C10, C12	CC0.140	4
10pF	C6, C8	CC0.140	2
0.01μ	C9	CC0.140	1
1000P	C11	CC0.140	1

续表

型号/参数	代号	封装	数量
33μF、47μF	C14	CD0.1-0.180	1
3V 电池盒	DC	IDC2	1
柱极话筒	MIC	BM	1
耳机插头带线	JP	IDC3	1
4.5T#4 线圈	L1	AXIAL0.3-S	1
5.5T#4 线圈	L2, L3	AXIAL0.3-S	2
9014	Q1	TO92	1
9018	Q2, Q3	TO92	2
2.2kΩ	R1, R4, R8	1/8W 小电阻	3
33Ω	R2, R3	1/8W 小电阻	2
1MΩ	R5	1/8W 小电阻	1
100Ω	R6, R10	1/8W 小电阻	2
22kΩ	R7, R9	1/8W 小电阻	2
漆包线_天线	T		1
100kΩ/200kΩ可变电阻	WR2	蓝白	1

表 19.2 主板套装元件清单

型号/参数	代号	封装	数量
3300pF	C1, C2	CC0.100	2
22000pF	C3, C13	CC0.100	2
100μF	C4, C19	CD0.1-0.220	2
180pF	C5	CC0.100	1
330pF	C6	CC0.100	1
82pF	C7	CC0.100	1
33pF	C8	CC0.100	1
680pF	C9	CC0.100	1
220pF	C10	CC0.100	1
0.1μF 贴片	C11, C12, C15, C18, C20, C22, C24, C26, C28	0805C	9
470pF	C14	CC0.100	1
68000pF	C16	CC0.100	1
2200pF	C17	CC0.100	1
10μF	C21, C25, C27, C29	CD0.1-0.180	4
0.01μF	C23	CC0.100	1
1N4148	D1	DIODE4148	1
1N4007	D2	DIODE0.315	1
SC1088 贴片	IC1	SO-16	1
DC 电源座	J1	POWER-3A	1

型号/参数	代号	封装	数量
导线	J2	CC0.200	1
78nH 空心电感	L1	L4×16	1
70nH 空心电感	L2	L4×16	1
发光二极管	LED1	LED#3	1
扬声器	LS1	CC0.200	1
10kΩ	R1,R4	0805	2
5.6kΩ	R2	0805	1
15kΩ	R3	0805	1
4.7Ω	R5, R6	0805R	2
330Ω	R7	0805R	1
4.7kΩ	R8	0805R	1
1kΩ	R9	0805R	1
100kΩ电位器（双联大个）	RW1	VR-3	1
轻触按键	S1, S2	SW-0606	2
拉杆天线	TX1	TX	1
TDA2822M	U1	DIP8	1
AMS1117	U2	SOT-223	1
BB910	V1	DIODE0.1	1

"简易无线功放机"主要元器件介绍如下：

1. 集成电路 SC1088

集成电路 SC1088 为电调谐单片 FM 收音机，调谐方便准确，内设静噪电路，抑制调谐过程中的噪声。该机体积小巧，外观精致，便于携带。

主要技术指标如下：

频率范围：87～108MHz

中频频率：70kHz

电源：1.8～13.5V

SC1088 的特性如下：

- 内带静音电路
- 通过变容二极管搜索调谐
- 集成电路 SC1088
- 内带 FLL（frequency-locked-loop）电路
- 通过 RC 滤波器实现选频
- 内带自动频率调节电路（AFC）
- 支持 AM
- 具有电源保护功能
- 最低供电电压低达 1.8V

SC1088 采用 SOT16 脚封装，其引脚如图 19.4 所示，引

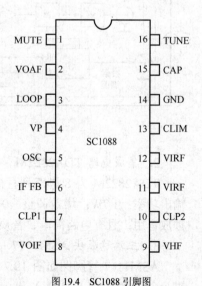

图 19.4　SC1088 引脚图

脚功能如表 19.3 所示。

表 19.3 SC1088 引脚功能

引脚	功能	引脚	功能	引脚	功能	引脚	功能
1	静音输出	5	本振调谐回路	9	IF 输入	13	限幅器失调电压容器
2	音频输出	6	IF 反馈	10	IF 限幅放大器的低通电容器	14	接地
3	AF 环路滤波	7	1dB 放大器的低通电容器	11	射频信号输入	15	全通滤波电容搜索调谐输入
4	V_{CC}	8	IF 输出	12	射频信号输入	16	电调谐/AFC 输出

SC1088 的内部结构如图 19.5 所示。

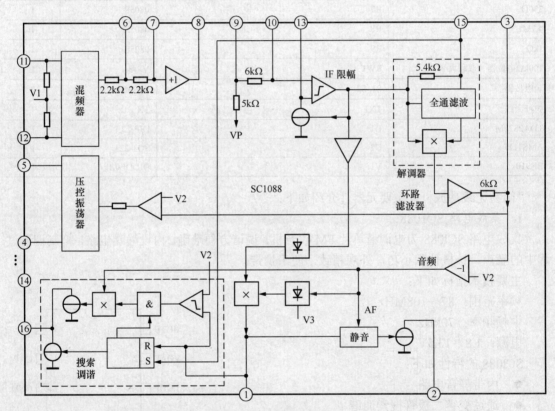

图 19.5 SC1088 的内部结构

2. 集成电路 TDA2822M

TDA2822M 为 8 脚双列直插式封装，管脚图如图 19.6 所示。工作电源电压：3～15V；输出功率：1.7W；增益调整：0～39dB；集成功放电路常用在随身听、便携式的 DVD 等音频放音用；且有电路简单、音质好、电压范围宽等特点。

3. 三端稳压块 ASM1117

ASM1117 管脚图如图 19.7 所示，1 脚接地（GND），2 脚为电压输出端口（VOUT），3 脚为电压输入端口（VIN）。

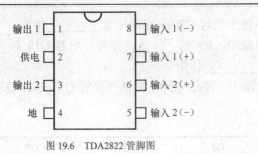

图 19.6 TDA2822 管脚图

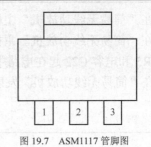

图 19.7 ASM1117 管脚图

19.4.2 "简易无线功放机"装配

PCB 如图 19.8 所示,在 PCB 上安装元件时要确保插件位置、元器件极性正确。在实际装配过程中,建议根据电路原理图按单元电路装配,装配好一个单元电路调试好一个单元电路,既可以提高装配成功率,又有助于提高看图、识图、电路分析能力。

组装、制作完毕实物如图 19.9 所示。

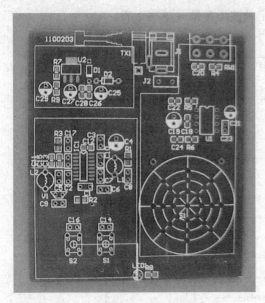

图 19.8 "简易无线功放机"PCB

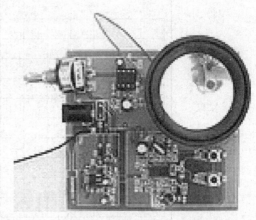

图 19.9 "简易无线功放机"实物

若组装、制作完后出现故障或问题,应依据电路原理图对照 PCB 进行仔细检查和调试,解决可能碰到的各种问题。

19.5 思考与练习题

(1)在"简易无线功放机"发射电路中,MIC 起_____作用;电容 C2 在电路中起_____作用;发射电路采用_____(调幅/调频/调相/FSK/ASK/PSK)调制方式。

（2）在"简易无线功放机"主板电路中电容 C20 在电路中起_____作用。

（3）在"简易无线功放机"主板电路中，R8 起_____作用；电容 C19 起_____作用；电阻 R5 和电容 C22 起在电路中起_____作用。

（4）在"简易无线功放机"发射电路中，接通电源，测试三极管 Q1、Q2、Q3 的 B、C、E 的电位：

Q1			Q2			Q3		
B（V）	C（V）	E（V）	B（V）	C（V）	E（V）	B（V）	C（V）	E（V）

（5）在"简易无线功放机"主板电路中，接通电源，测试 U1 各管脚对地电压：

1 脚（V）	2 脚（V）	3 脚（V）	4 脚（V）	5 脚（V）	6 脚（V）	7 脚（V）	8 脚（V）

（6）利用仪器设备检测各测试点的信号，记录波形参数并填写下表。

通电，测试 IC1 的 5 脚的波形并记录参数。

IC1 的 5 脚：记录示波器波形	示波器
	峰峰值为： _____V 频率为： _____Hz

项目20 "模拟电饭煲"的组装、调试与制作

20.1 实 践 目 的

通过对"模拟电饭煲"的组装、调试与制作，掌握"模拟电饭煲"的工作原理，提高元器件识别、测试及整机装配、调试的技能，增强综合实践能力。

20.2 实 践 要 求

① 掌握和理解"模拟电饭煲"原理图各部分电路的具体功能，提高看图、识图能力；

② 对照原理图和 PCB，了解"模拟电饭煲"元器件布局、装配（方向、工艺等）和接线等；

③ 掌握调试的基本方法和技巧；学会排除焊接、装配过程中出现的各种故障，解决碰到的各种问题；

④ 熟练使用各种常用仪器、仪表和电子工具，掌握元器件和整机的主要参数、技术或性能指标等的测试方法；

⑤ 解答"思考与练习题"，进一步增强理论联系实际能力。

20.3 "模拟电饭煲"原理简介

"模拟电饭煲"主要是根据检测的温度不同用单片机控制继电器（模拟加热丝、管等）的开、关，来模拟实现定时煮饭，自动关电等功能的。

"模拟电饭煲"的电路原理如图 20.1 所示，主要由温度采集电路、AD 转换电路、按键控制电路、单片机处理电路、数码管显示电路、状态指示及控制电路组成。

温度采集电路利用热敏电阻随环境温度变化自身阻值发生变化，经过电桥变换，产生电压变化，再经过差分放大器放大输入到 ADC0809，将模拟信号转换为数字信号，再由单片机进行相应的处理和控制。

"模拟电饭煲"按键定义如下：

● S1：锅盖开关；

● K1：煮饭；

● K2：定时；

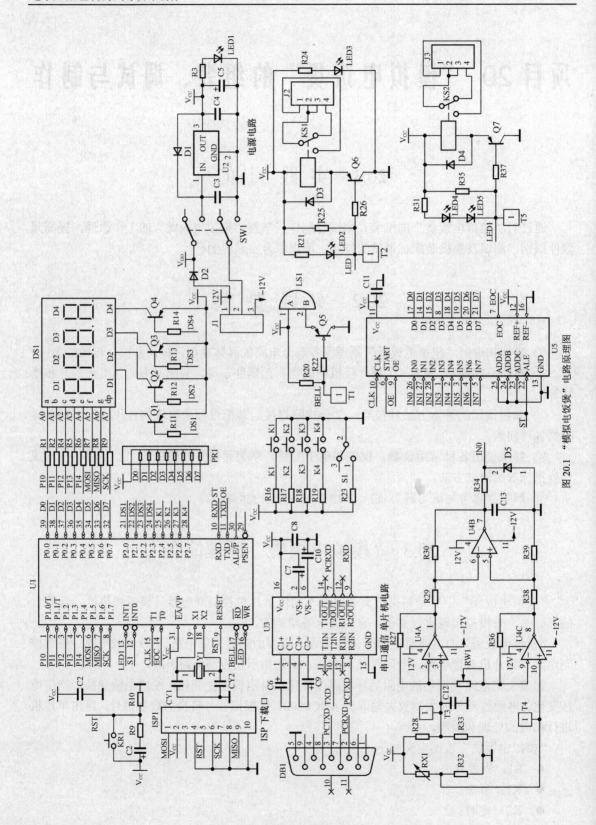

图 20.1 "模拟电饭煲" 电路原理图

● K3：定时挡位选择；

● K4："取消定时并开始煮饭"按键，可取消定时并进入煮饭状态，即强制煮饭按键。

"模拟电饭煲"的各部分电路的工作原理如下：

1. 温度检测电路

温度检测电路如图 20.2 所示，其前级信号放大电路为测量放大器，测量放大器具有放大倍数大、输入阻抗高、共模抑制比好等优点。放大器的第一级由两个完全对称的运放电路组成；第二级是一个运放构成的差动输入放大电路，其外接元件也完全对称。

放大器的总电压放大倍数为

$$Auf = (1+2R27/RW1) \times R30/R29$$

调节 RW1 的大小可以调节电压放大倍数，而对电路的对称型并无影响。由于电路的第一级为电压串联负反馈接法，其输入电阻较大，对被测对象影响较小。测量放大器输出电压为 0～5V，此电压输入到 AD 转换器的模拟电压输入端口进行模数转化，转化的数字信号输入到单片机，经单片机处理后显示在数码管上。稳压二极管 D5 的作用是保护 AD 转换器不被过压烧坏。

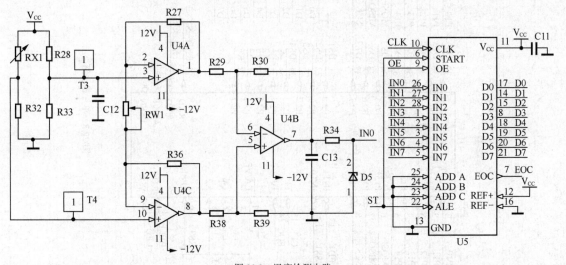

图 20.2　温度检测电路

2. 单片机电路

单片机电路如图 20.3 所示，由复位电路、时钟电路、中央处理器电路和显示电路组成，复位电路可上电复位和手动复位。

显示电路主要由数码管及段码限流电阻 R1～R8 和位选驱动电路组成，数码管为四位一体共阳数码管，为动态扫描显示，位选驱动用 PNP 型三极管。

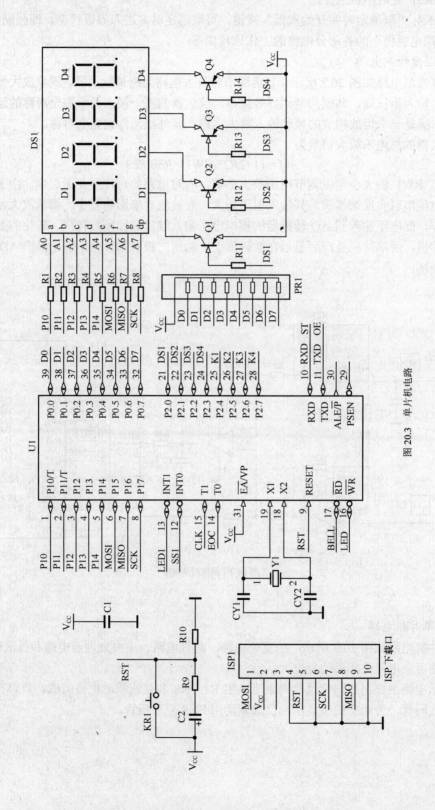

图 20.3 单片机电路

20.4 "模拟电饭煲"的组装、调试与制作

根据"模拟电饭煲"电路原理图及其套装元件清单、PCB 进行组装、调试与制作。

20.4.1 "模拟电饭煲"元器件

"模拟电饭煲"套装元件清单如表 20.1 所示。

表 20.1   **"模拟电饭煲"套装元件清单**

型号/参数	代号	封装	数量
0.1μF	C1, C3, C4,C8,C11	CC0.100	5
10μF	C2, C5	CD0.1-0.180	2
4.7μF	C6, C7, C9, C10	CD0.1-0.180	4
1μF 独石电容	C12, C13	CC0.100	2
30pF	CY1, CY2	CC0.100	2
1N4007	D1, D2	DIODE0.315	2
1N4148	D3, D4	DIODE4148	2
5.1V 稳压管	D5	DIODE4148	1
串口头座	DB1	DSUB1.385-2H9	1
共阳数码管	DS1	LED0.364	1
10 脚简牛座	ISP1	IDC10L	1
4 脚插针	J2, J3	HDR1X4	2
轻触按键	K1, K2, K3, K4, KR1	SW-0606	5
6 脚 5V 继电器	KS1, KS2	JDQ-HRS1H	2
发光二极管	LED1, LED2, LED3, LED4, LED5	LED#3	5
蜂鸣器	LS1	BELL	1
10kΩ排阻	PR1	IDCD9	1
8550Ω	Q1, Q2, Q3, Q4, Q5, Q6, Q7	TO92	7
510Ω	R1, R2, R3, R4, R5, R6, R7, R8	AXIAL0.35	8
200Ω	R9	AXIAL0.35	1
10kΩ	R10, R11, R12, R13, R14, R16, R17, R18, R19, R20, R23, R25, R27,R29, R30, R35, R36,R38, R39	AXIAL0.35	19
4.7kΩ	R15, R21, R22, R24, R26, R31,R34, R37	AXIAL0.35	8
100kΩ	R28, R32, R33	AXIAL0.35	3
10kΩ电位器	RW1	VR3296	1
100kΩ热敏电阻	RX1	AXIAL0.3	1
拨动开关	S1	K_3_0.120	1

型号/参数	代号	封装	数量
自锁开关	SW1	K_DIP6	1
AT89S52/ STC90C52（带座）	U1	ZIF40 -1	1
L7805	U2	TO-220-0	1
MAX232CPE（带座）	U3	DIP16	1
LM324（带座）	U4	DIP14	1
ADC0809（带座）	U5	DIP28	1
12MHz 晶体振荡器	Y1	XTAL1	1

"模拟电饭煲"主要元器件介绍如下：

1. 集成电路 ADC0809

见前面章节介绍。

2. 集成电路 LM324

见前面章节介绍。

3. 集成电路 MAX232CPE

见前面章节介绍。

4. 单片机 STC90C52RC

见前面章节介绍。

20.4.2 "模拟电饭煲"装配

"模拟电饭煲"的 PCB 如图 20.4 所示，在 PCB 上安装元件时要确保插件位置、元器件极性正确。在实际装配过程中，建议根据电路原理图按单元电路装配，装配好一个单元电路调试好一个单元电路，既可以提高装配成功率；又有助于提高看图、识图、电路分析能力。

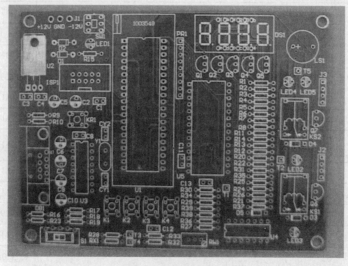

图 20.4 "模拟电饭煲" PCB

组装、制作完毕实物如图 20.5 所示。

图 20.5　"模拟电饭煲"　实物

如 S1 在左边挡,开机默认数码管显示 0000;如 S1 在右边挡,开机默认数码管显示 HHHH 并蜂鸣器报警。在显示 0000 时,按 K1"煮饭"按键,开始煮饭（继电器吸合）,数码管显示温度,当温度大于等于 103℃时,由煮饭状态变为保温状态。

开机后,锅盖开关关上,按 K2"定时"按键,开始进入定时状态,数码管显示"0　00", 再按 K3"定时挡位选择"按键,进入定时时间的选择。

定时时间挡位有如下选择:

挡位	时间
05	数码管显示"1　05"
10	数码管显示"2　10"
15	数码管显示"3　15"
20	数码管显示"4　20"
25	数码管显示"5　25"
30	数码管显示"6　30"
60	数码管显示"7　60"

在定时时间挡位选择完成后,再按下 K2"定时"按键,进行定时时间挡位选择的确定, 此时数码管第一位显示 P,3 与 4 两位数码管显示已经选择好的时间,然后再按 K1"煮饭" 按键,数码管第一位显示 F,定时时间开始递减。当定时时间减为 0 时,开始煮饭,煮饭继电器吸合,数码管显示温度。注意:此处所说的温度并非真实的温度,只是由 ADC0809 转

换出来的模拟温度。

若组装、制作完后出现故障或问题，应依据电路原理图对照 PCB 进行仔细检查和调试，解决可能碰到的各种问题。

20.5　思考与练习题

（1）在温度检测电路中，RX1、R28、R32、R33 组成了_____。U4A、U4B、U4C 等其他阻容元件组成了_____（反向放大器/同向放大器/比较器/积分器/微分器/低通滤波器/带通滤波器/高通滤波器）此电路的输入电阻_____（较小/较大）。电位器 RW1 在电路中起_____作用；稳压管 D5 在电路中起_____作用。

（2）在显示电路中，R1～R8 在电路中起_____作用；三极管 Q1～Q4 在电路中起_____作用。

（3）通电，测试 U5 的 10 脚的波形并记录参数。

U5 的 10 脚：记录示波器波形	示波器
	峰峰值为：_____V 频率为：_____Hz

项目21 "简易数字频率计"的组装、调试与制作

21.1 实践目的

通过对"简易数字频率计"的组装、调试与制作，掌握"简易数字频率计"的工作原理，提高元器件识别、测试及整机装配、调试的技能，增强综合实践能力。

21.2 实践要求

① 掌握和理解"简易数字频率计"原理图各部分电路的具体功能，提高看图、识图能力；

② 对照原理图和 PCB，了解"简易数字频率计"元器件布局、装配（方向、工艺等）和接线等；

③ 掌握调试的基本方法和技巧；学会排除焊接、装配过程中出现的各种故障，解决碰到的各种问题；

④ 熟练使用各种常用仪器、仪表和电子工具，掌握元器件和整机的主要参数、技术或性能指标等的测试方法；

⑤ 解答"思考与练习题"，进一步增强理论联系实际能力。

21.3 "简易数字频率计"原理简介

"简易数字频率计"的电路原理如图 21.1 所示，其以 STC11F01 单片机为核心，能实时测量输入信号的频率（频率输入口为 P3），四位显示，频率值为 Hz。主要由电源电路、显示电路、串口通信电路、信号整形电路、单片机处理电路、蜂鸣器及继电器驱动电路组成，各部分电路工作原理如下：

"简易数字频率计"的电源电路、串口通信电路、单片机处理电路与前面章节相似，在此不再赘述。

1. 信号整形电路

信号整形电路如图 21.2 所示，小信号从 P3 端口输入，经三极管 Q7 放大，施密特触发器（74LS14）整形输入到单片机 T1 口。

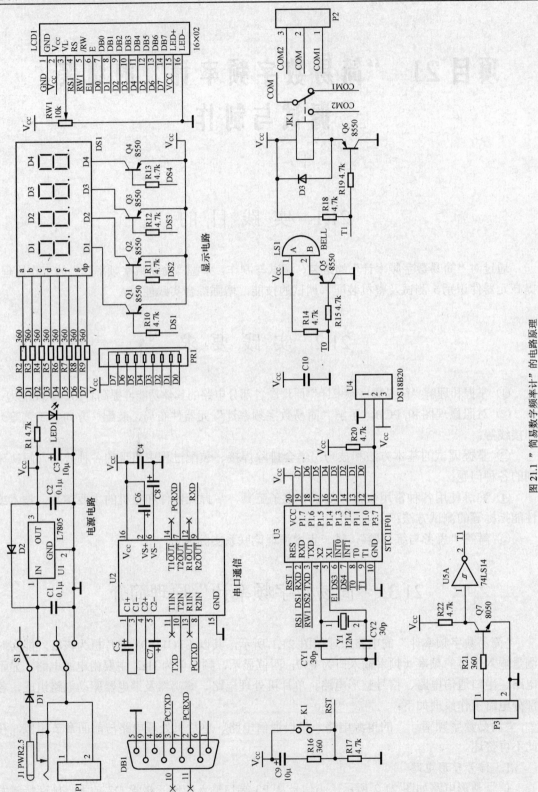

图 21.1 "简易数字频率计"的电路原理

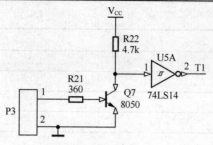

图 21.2　波形整形电路

2. 蜂鸣及继电器驱动电路

蜂鸣器及继电器驱动电路如图 21.3 所示，都是采用 PNP 型三极管来驱动，若单片机（T0、T1）输出低电平，则三极管（Q5、Q6）导通，蜂鸣器发声，继电器吸合。图 21.3 中，二极管 D3 为续流二极管，当继电器由闭合到断开时，起保护驱动三极管 Q6 的作用。

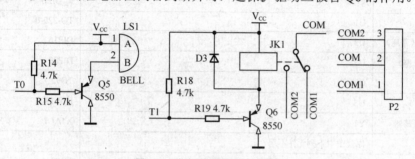

图 21.3　蜂鸣器及继电器驱动电路

在实践过程中有任何需要和问题，可发邮件至 ychd2010@vip.163.com。

21.4　"简易数字频率计"的组装、调试与制作

根据"简易数字频率计"电路原理图及其套装元件清单、PCB 进行组装、调试与制作。

21.4.1　"简易数字频率计"元器件

"简易数字频率计"套装元件清单如表 21.1 所示。

表 21.1　　　　　　　　　　　　　**"简易数字频率计"套装元件清单**

型号/参数	代号	封装	数量
0.1μF	C1, C2	CC0.100	2
10μF	C3, C9	CD0.1-0.180	2
0.1μF	C4, C10	CC0.100	2
4.7μF	C5, C6, C7, C8	CD0.1-0.180	4
30pF	CY1, CY2	CC0.100	2
1N4007	D1, D2,D3	DIODE0.315	3
串口头	DB1	DB9/FL	1
0.3641 数码管	DS1	LED0.364	1

型号/参数	代号	封装	数量
DC2.1 座	J1	POWER-3A	1
5V 继电器 T73	JK1	JDQ-3F	1
轻触按键	K1	SW-0606	1
发光二极管	LED1	LED#3	1
蜂鸣器	LS1	BELL	1
10kΩ排阻	PR1	IDCD9	1
8550 三极管	Q1, Q2, Q3, Q4, Q5, Q6	TO92	6
4.7kΩ电阻	R1, R10, R11, R12, R13, R14, R15, R17, R18, R19, R20, R22	AXIAL0.35	12
360Ω电阻	R2, R3, R4, R5, R6, R7, R8, R9, R16, R21	AXIAL0.35	10
6 脚开关	S1	K_DIP6	1
L7805	U1	TO-220-0	1
MAX232CPE（带座）	U2	DIP16	1
STC11F01（带座）	U3	DIP20	1
8050 三极管	Q7	TO92	1
74LS14（带座）	U5	DIP-14	1
12MHz 晶体振荡器	Y1	XTAL1	1
	原理图中下列元件不用		
DS18B20	U4	TO92	1
插针 16	LCD1	IDCD16	1
10kΩ电位器	RW1	VR3386P	1

"简易数字频率计"主要元器件介绍如下：

1. MAX232CPE

见前面章节介绍。

2. 单片机 STC11F01

见前面章节介绍。

3. 集成电路 HD74LS14

HD74LS14 是 TTL 六反相施密特触发器，其管脚如图 21.4 所示。

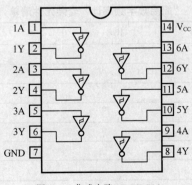

图 21.4　集成电路 HD74LS14

21.4.2 "简易数字频率计"装配

"简易数字频率计"的 PCB 如图 21.5 所示，在 PCB 上安装元件时要确保插件位置、元器件极性正确。在实际装配过程中，建议根据电路原理图按单元电路装配，装配好一个单元电路调试好一个单元电路，既可以提高装配成功率，又有助于提高看图、识图、电路分析能力。

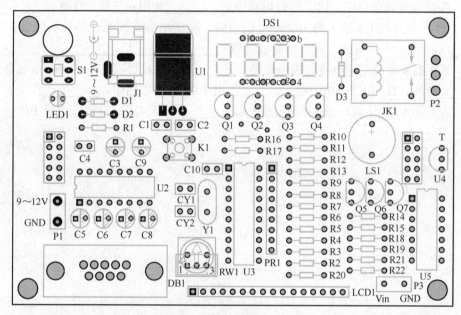

图 21.5 "简易数字频率计" PCB

组装、制作完毕实物如图 21.6 所示。

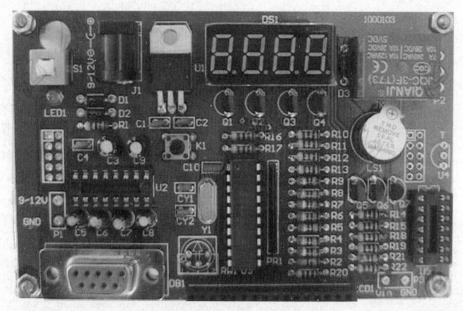

图 21.6 "简易数字频率计" 实物

若组装、制作完后出现故障或问题，应依据电路原理图对照 PCB 进行仔细检查和调试，解决可能碰到的各种问题。

21.5　思考与练习题

（1）在信号处理电路中，PR1 在该电路中起_____作用；三极管工作在_____（开关/放大）区；单片机 U3 的 1 脚为强制复位引脚，根据电路图判断该单片机的复位信号是_____（高/低）电平有效，试分析复位过程_____。

（2）数字温度计的电源电路的供电是经_____降压后获得，电容 C1 和 C2 在该电路中起_____作用；D1 在该电路中起_____作用；D2 在该电路中起_____作用。

（3）在显示电路中，R2～R9 在该电路中起_____作用；Q1～Q4 在该电路中起_____作用。